U0333274

中国大科学装置出版工程

NOAH'S ARK FOR CHINESE SEED PLANTS

THE SEED BANK OF THE GERMPLASM BANK OF WILD SPECIES IN SOUTHWEST CHINA

种子方舟

中国西南野生生物种质资源库

杜燕 杨湘云 李拓径 李涟漪 主编

浙江出版联合集团
浙江教育出版社·杭州

本书编委会

主　编：杜　燕　杨湘云　李拓径　李涟漪

编　委：（按音序排名）

杜　燕　何华杰　黄　莉

李　慧　李涟漪　李拓径

秦少发　亚吉东　杨湘云

总 序

新一轮科技革命正蓬勃兴起，能否洞察科技发展的未来趋势，能否把握科技创新带来的发展机遇，将直接影响国家的兴衰。21世纪，中国面对重大发展机遇，正处在实施创新驱动发展战略、建设创新型国家、全面建成小康社会的关键时期和攻坚阶段。

在2016年5月30日召开的全国科技创新大会、两院院士大会、中国科协第九次全国代表大会上，习近平总书记强调，科技创新、科学普及是实现国家创新发展的两翼，要把科学普及放在与科技创新同等重要的位置。习近平总书记“两翼”之喻表明，科技创新和科学普及需要协同发展，将科学普及贯穿于国家创新体系之中，对创新驱动发展战略具有重大实践意义。当代科学普及更加重视公众的体验性参与。“公众”包括各方面社会群体，除科研机构和部门外，政府和企业中的决策及管理者、媒体工作者、各类创业者、科技成果用户等都在其中。任何一个群体的科学素质相对落后，都将成为创新驱动发展的“短板”。补齐“短板”，对于提升人力资源质量，推动“大众创业、万众创新”，助力创新型国家建设和全面建成小康社会，具有重要的战略意义。

科技工作者是科学技术知识的主要创造者，肩负着科学普及的使命与责任。作为国家战略科技力量，中国科学院始终把科学普及当作自己的重要使命，将其置于与科技创新同等重要的位置，并作为“率先行动”计划的重要举措。中国科学院拥有丰富的高端科技资源，包括以院士为代表的高水平专家队伍，以大科学工程为代表的高水平科研设施和成果，以国家科研科普基地为代表的高水平科普基地等。依托这些资源，中国科学院组织实施“高端科研资源科普化”计划，通过将科研资源转化为科普设施、科普产品、科普人才，普惠亿万公众。同时，中国科学院启动了“科学与中国”科学教育计划，力图将“高端科研资源科普化”的成果有效地服务于面向公众的科学教育，更有效地促进科教融合。

科学普及既要求传播科学知识、科学方法和科学精神，提高全民科学素养，又要求营造科学文化氛围，让科技创新引领社会持续健康发展。基于此，中国科学院联合浙江教育出版社启动了中国科学院“科学文化工程”——以中国科学院研究成果与专家团队为依托，以全面提升中国公民科学文化素养、服务科教兴国战略为目标的大型科学文化传播工程。按照受众不同，该工程分为“青少年科学教育”与“公民科学素养”两大系列，分别面向青少年群体和广大社会公众。

“青少年科学教育”系列，旨在以前沿科学研究成果为基础，打造代表国家水平、服务我国青少年科学教育的系列出版物，激发青少年学习科学的兴趣，帮助青少年了解基本的科研方法，引导青少年形成理性的科学思维。

“公民科学素养”系列，旨在帮助公民理解基本科学观点、理解科学方法、理解科学的社会意义，鼓励公民积极参与科学事务，从而不断提高公民自觉运用科学指导生产和生活的能力，进而促进效率提升与社会和谐。

未来一段时间内，中国科学院“科学文化工程”各系列图书将陆续面世。希望这些图书能够获得广大读者的接纳和认可，也希望通过中国科学院广大科技工作者的通力协作，使更多钱学森、华罗庚、陈景润、蒋筑英式的“科学偶像”为公众所熟悉，使求真精神、理性思维和科学道德得以充分弘扬，使科技工作者敢于探索、勇于创新的精神薪火永传。

中国科学院院长、党组书记 白春礼

2016年7月17日

前　言

“地球环境极度恶化，高温、干旱和疫病席卷全球；各种粮食作物相继灭绝，人类放弃了各种高精尖设备，只能依靠种植玉米过活，虽然人类仍像1000年前一样努力耕种，可饿死的人还是越来越多；到处都是裸露的地表，沙尘暴席卷整个世界……”这是科幻大片《星际穿越》的开场情节。这虽然是人们想象出来的未来情景，但实际上现实一点也不令人乐观。

植物是自然界的第一生产者，它为人类提供了丰富的食物、药材等生活必需品和大量的工业原料，并创造出适于人类居住的环境。但人类不合理的开发行为，却打破了自然界的平衡，并酿成全球性的生态危机，导致植物多样性正以过去地质时期100—1000倍的速度快速丧失。据2010年的全球调查报告显示，目前全球38万种植物中有五分之一的物种正面临灭绝的危险，超过22％的物种为极危、濒危或易危种。这将进一步导致与之相关的生态系统服务功能，如食物、燃料、生化产品、纤维等供给大幅下降，并最终影响到人类在地球上的生存和可持续发展。如果人类现在还不警醒，并采取相应保护措施，则将来很可能会引发第六次生物大灭绝，给人类和其他生物带来灭顶之灾。

中国地域辽阔，气候和地形复杂多样，孕育了极其丰富的植物资源。据《中国植物志》记载，我国仅维管植物就有301科3408属31142种，约占世界总种数的10%。我国还是众多栽培植物野生近缘种和园林植物的起源地与分布中心。但这些宝贵的植物资源目前正面临多样性快速丧失的危机，尤其是野生种正以惊人的速度在不断消亡。1999年，已83岁高龄的我国著名植物学家吴征镒院士致信朱镕基总理，阐述了在我国生物多样性最为丰富的云南建设一个野生生物种质库的紧迫性和必要性。经过充分调研和论证后，国家投资1.48亿元在云南建起了一艘系统而完备的现代“种子方舟”。它，就是中国西南野生生物种质资源库之种子库。

种子是裸子植物和被子植物的繁殖器官，经过3.6亿年的进化，种子形成了形态万千、色彩斑斓的外表，精巧完备的内部结构，能够跨越高山、远渡重洋的多种散布途径，以及由休眠机制产生的独特的跨越时空的生存方式，在种子植物取代蕨类植物的进化过程中发挥了极为重要的作用，并为种子植物发展成为当今植物界中最高级、最繁茂和分布最广的类群做出了重要贡献。此外，它还为人类提供了生活所需的食物、药材等必需品，以及大量的工业原料，帮助人类创造了高度发达的现代文明。利用种子体积小、耐贮藏等特点，人类目前大量采用保藏种子来实现保护植物多样性的目的。至今全世界已建成1750座种子（质）库，共保存了740多万份关乎人类未来的生命火种。

中国西南野生生物种质资源库之种子库自开建之日起，就承担起保护我国重要植物资源的重任。经过五年的蓝图设计、三年艰辛的基础设施建设和八年的快速发展，它现已成为与英国千年种子库、挪威斯瓦尔巴全球种子库等齐名的著名种子库，并在全球植物多样性保护事业中发挥着重要作用。至今它已保存了我国218科1902属9129种野生植物的种子，其中包括大量的珍稀濒危种、特有种和有重要经济价值、生态价值和科学研究价值物种的种子，如全世界仅存29株野生植株的巧家五针松种子、消失百年后再度出现的弥勒苣苔种子、来自辽宁普兰店1000年前的古莲种子等；以及世界上45个国家的1197份种子资源。在保藏的同时，中国西南野生生物种质资源库之种子库还对库存种子开展了大量深入的研究工作。

从历史上发生的多次粮食安全事件中，人们充分认识到，“一个基因可以影响一个国家的兴衰，一个物种可以左右一个地区的经济命脉”，“谁掌握了资源，谁就把握了未来”。中国西南野生生物种质资源库之种子库中保存的众多野生植物种子资源，将使我国在未来的国际生物产业竞争中立于不败之地，未来科学家利用这些宝贵的种子资源就能进行新作物的筛选和现有作物的改良，并对已破坏的环境进行恢复，从而帮助人类解决目前面临的一系列粮食问题、能源问题、疾病问题、贫困问题和环境问题。或许有一天，地球将不再适宜人类居住，人类将不得不迁移到其他星球，这时种子将是人类重获新生的希望。

本书用专业的眼光、生动的语言、精美的图片为读者揭开了中国西南野生生物种质资源库之种子库的神秘面纱，有助于加深人们对我国这一大科学装置的认识，并促进库内保存的各种野生植物种子资源的保护、开发和利用。另外它还有助于唤起人们，特别是肩负祖国未来的青少年们的环境保护意识和保护生物多样性的责任意识，从而促进他们在未来创造出更加灿烂的文明，开启人类文明的新时代。

本书的顺利出版得到了众多支持，在此衷心感谢中国科学院科学传播局和中国科学院昆明植物研究所的李德铢、孙航、王雨华的大力支持和鼓励。感谢我的同事何华杰、李拓径、秦少发、亚吉东、杨湘云对所负责章节的精心编撰，感谢李涟漪、谷志佳和李慧提供的大量精美种子照片，以及采集部同仁提供的精彩野外采集照片。

杜　燕

2015年9月

目录 MULU

第一章 第六次生物大灭绝会到来吗

根据化石资料，地球上曾发生过五次生物大灭绝事件，侏罗纪时期长期统治地球的恐龙就在第五次生物大灭绝中彻底地从地球上消失了。为养活地球上数量庞大的人类，借助发达的科学技术，人们过度地向自然界索取物质和能源，导致了许多生态危机。如果人类再不加以节制，并想办法进行弥补，很可能将导致第六次生物大灭绝，并造成史无前例的破坏，最终威胁到人类和其他生物在地球上的生存和发展。

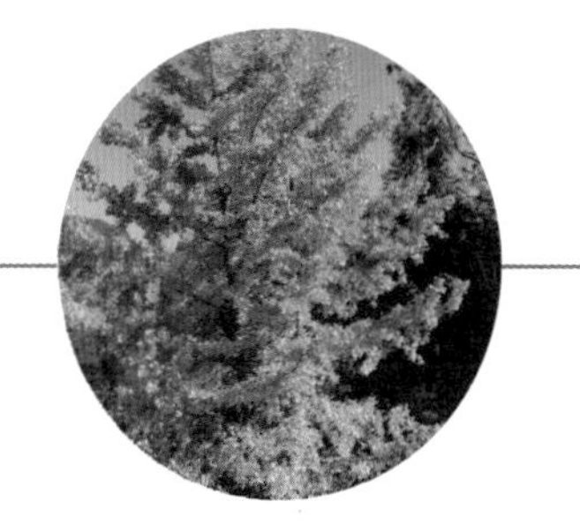

银杏是现存种子植物中最古老的孑遗植物，它早在3.45亿年前就已出现。50万年前，随着第四纪冰川运动的到来，其他银杏种类都已灭绝，只留存了现今的一种，且该种野生植株在世界上其他地方都已灭绝，仅存在我国南方少数地区，因此被称为植物中的“活化石”“大熊猫”。

① 地史上惨烈的五次生物大灭绝

恐龙生活于距今2.35亿至6500万年间，它曾是地球上的霸主，统治地球长达约1.6亿年之久，然而却在6500万年前突然从地球上销声匿迹了。是什么原因导致恐龙灭绝的呢？大家众说纷纭，有陨石碰撞说、造山运动说、气候变动说、物种老化说、生物碱学说等十多种说法，但目前最权威的说法是：一颗直径7—10千米、名为希克苏鲁伯的陨石撞击了地球，引发多地火山喷发和地壳运动，并扬起了漫天烟尘，遮蔽了日月的光芒，使地球表面的气温陡然大幅下降，从而导致植物大面积死去，草食性恐龙因食物短缺而逐渐死亡，紧接着肉食性恐龙也相继死去。在一两千万年时间里，曾经遍布地球的恐龙就彻底告别了历史舞台，如今

图1-1 史上最凶猛的陆地肉食性恐龙——霸王龙

人们只能从挖掘出的一具具恐龙骨骼化石中了解一些这个曾经的地球霸主的信息。

根据对生物化石的研究和统计，科学家发现类似的整科、整目甚至整纲生物在短时间内从全球范围彻底消失或仅留存少数生

图1-2 希克苏鲁伯陨石撞击地球

图1-3 恐龙灭绝

物的大灭绝事件，在地球上共发生过五次。这些骇人听闻的事件是怎样发生的呢？

表1-1 地球历史上的五次物种大灭绝

物种大灭绝	时间	原因	后果
奥陶纪—志留纪之交大灭绝	4.46亿—4.44亿年前	全球气候变冷	全球约27%的科、57%的属和85%的种灭绝
泥盆纪—石炭纪之交大灭绝	3.75亿—3.60亿年前	气候变冷和海洋退却	全球约82%的海洋物种灭绝
二叠纪—三叠纪之交大灭绝	2.50亿年前	气候突变、沙漠范围扩大、火山频发等	全球约57%的科、83%的属、96%的海洋生物和70%的陆地生物灭绝
三叠纪—侏罗纪之交大灭绝	1.95亿年前	陨石撞击地球或大规模火山爆发引起气候变化	全球约23%的科、48%的属、76%的种灭绝，其中主要是海洋生物
白垩纪—第三纪之交大灭绝	6500万年前	希克苏鲁伯陨石撞击地球	全球75%—80%的物种灭绝，恐龙就在此次生物大灭绝中灭绝

(1) 第一次大灭绝：冰河时期的生物大灭绝

4.46亿至4.44亿年前，即奥陶纪末期，由于冈瓦纳大陆进入南

图1-4 鹦鹉螺化石

极地区，影响了全球环流，致使全球气候变冷，进入安第斯-撒哈拉冰河时期。当时海面布满了冰川，海平面大幅下降，导致全球约27%的科、57%的属和85%的种灭绝了，沿海生物，如三叶虫、海百合、海绵类、鹦鹉螺、牙形石等遭到重创。从灭绝的物种数量上看，该次灭绝在五次大灭绝事件中排在第三位。

（2）第二次大灭绝：海洋生物遭到重创的生物大灭绝

3.75亿至3.60亿年前，晚泥盆纪至早石炭纪之际，由于气候变冷和海洋退却，全球约82%的海洋物种灭绝了。当时浅海珊瑚几乎全部灭绝，而深海珊瑚也部分灭绝。这是地史上第四大物种灭绝事件，也是持续时间最长的一次灭绝，大约持续了2000万年。

（3）第三次大灭绝：巨型火山喷发导致的生物大灭绝

2.50亿年前，二叠纪向三叠纪过渡时期，地球上发生了最大规模的火山喷发——西伯利亚暗色岩火山喷发。其岩浆持续喷发了数万年，并引起诸多有害连锁反应，如大气中充满了二氧化硫和甲

图1-5 三叶虫化石

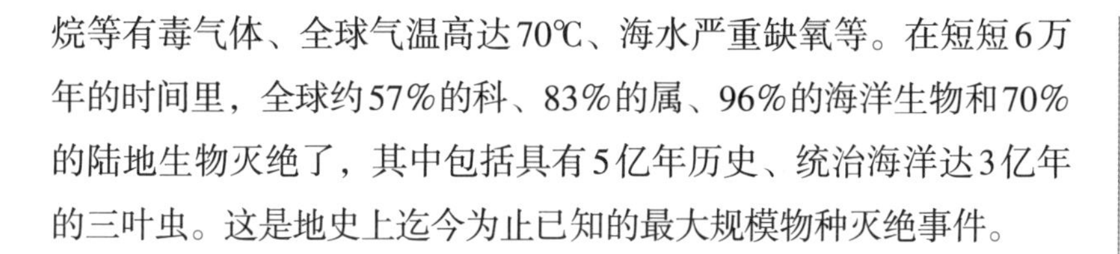

烷等有毒气体、全球气温高达70℃、海水严重缺氧等。在短短6万年的时间里，全球约57%的科、83%的属、96%的海洋生物和70%的陆地生物灭绝了，其中包括具有5亿年历史、统治海洋达3亿年的三叶虫。这是地史上迄今为止已知的最大规模物种灭绝事件。

(4) 第四次大灭绝：原因不明的生物大灭绝

1.95亿年前，三叠纪向侏罗纪过渡时期，由于陨石撞击地球或大规模火山爆发引起了气候剧烈变化，在不足1万年的时间里，全球约23%的科、48%的属、76%的种就灭绝了，其中主要是海洋生物。该次灭绝在五次大灭绝事件中影响最小，但正是由于它的发生，才给恐龙创造了广阔的生存空间，并使其最终成为侏罗纪的优势陆地动物。

(5) 第五次大灭绝：恐龙时代的生物大灭绝

6500万年前，白垩纪向第三纪过渡时期，希克苏鲁伯陨石撞击地球，引发了大规模海啸、地震和火山喷发。撞击产生的碎片和灰尘长时期地遮天蔽日，妨碍了植物的光合作用，进而导致恐龙灭绝。除恐龙外，同期灭绝的还有很多其他物种，据统计，当时地球上75%—80%的物种都在此次事件中灭绝了，该次灭绝事件在五次大灭绝事件中排名第二位。

从上可知，地球上70%—96%的物种曾因全球气候变化、地质和天文事件而遭受灭顶之灾，彻底地从地球上消失。并且一旦消失，就很难再恢复。这些事件给人类敲响了警钟，我们应从中汲取经验教训，作为未来行动的指导，减少盲目性，避免因人类的原因而使地球生物再一次蒙受巨大灾难。

② 植物是大自然和人类社会的基石

植物多样性是生物多样性的重要组成部分。据估计，世界上目前存在1200多万种真核生物，而植物有38万到50万种。尽管植物数量不到生物总量的十分之一，却为人类和其他生物的生存和发展提供了最基本的物质基础和外部环境条件。

拥有46亿年历史的地球，在最初的8亿年里是冷寂而没有生命的，自38亿年前植物在地球上出现后，它才有了一丝绿色和生命的气息。随着植物的不断发展、壮大，大气中的氧浓度不断发生着变化，并在高空逐渐形成了臭氧层，阻挡住了紫外线的直射，地球表面的环境也不断得到改善，这才为其他生物和人类的出现创造了条件。

知识链接

● **绿色植物、氧气与人的关系** 绿色植物是个庞大的氧气生产工厂，它能通过吸收空气中的二氧化碳，在太阳光和叶绿素的作用下，合成葡萄糖，同时释放出氧气（光合作用）。据统计，现今地球上的植物每年都会释放出5.35×10^{11}吨的氧气，维持大气21%的氧含量和地球上平衡的碳氧比，从而为人类和现存动植物提供一个良好的大气环境。此外，氧气还是人类和其他动物与植物维持生命活动必不可少的物质，只有通过呼吸作用，人类和其他生物才能将贮藏于体内的糖类、脂类、蛋白质等有机物进行氧化和分解，释放出能量，维持其正常的生命活动。

在现代社会，人类的生存和发展仍离不开植物。

(1) 植物为人类提供了基本的食物供给

植物是自然界的第一生产者，它能通过光合作用，将无机物合成有机物，从而为人类等各种异养生物提供生命活动必不可少的食物和能量，人们日常所食用的粮食、瓜果和蔬菜等都来自于植物。

图1-6　各种果蔬

水稻　*Oryza sativa*

水稻是世界上食用人口最多、历史最悠久的农作物。目前全球有三分之一的人口，约25亿人以大米为主食，主要是亚洲人、非洲人和美洲人。稻米每天为亚洲人提供超过80%的能量，为非洲人和美洲人提供大约30%的能量。

图1-7　水稻

(2) 植物是人类药物的重要来源

在人类200多万年的历史进程中，疾病一直如影随形，严重影响着人类的生活，严重的甚至会夺去人们的生命。植物中有1万多种具有治病救人的功效。早在远古时期，人类就开始探索植物在防治疾病方面的作用，传说神农氏曾遍尝百草，以辨识其中的药物，用其来治病救人，并撰写了人类最早的药草著作《神农本草经》。在此后的发展进程中，药草一直在保障人类健康方面发挥着重要作用，尤其在化学合成的药物出现之前。

三七 *Panax notoginseng*

三七为五加科人参属植物，起源于2500万年前第三纪古热带山区。其干燥的根是我国传统的名贵中药，具有活血化瘀、消肿定痛等功效。清代药学著作《本草纲目拾遗》中曾记载："人参补气第一，三七补血第一，味同而功亦等，故称人参三七，为中药

图1-8　三七的植株

图1-9　三七的根

中之最珍贵者。”明代著名的药学家李时珍更称其为“金不换”。三七是名扬中外的“云南白药”的主要原料之一，它能够清除血液中的沉积物，降低血液黏度，促进血液健康，现代医学用其来治疗和预防各种心脑血管疾病。现今全国以三七为原料的中成药就有360余种，其中多种药品还被列入《国家基本药物目录》和《国家医保目录》。

(3) 植物能为人类提供日常所需的能源和众多的工业原料

工业被称为国民经济的主导产业，它能给人们的生活带来极大便利，并关系到一个国家的国防安全。如果没有植物不断提供的工业原材料，如木材、纤维、橡胶、油脂等，人类的现代文明如何维持?

图1-10 割胶

例如，煤炭是古代植物埋藏在地下，经历了复杂的生物化学和物理化学变化逐渐形成的固体可燃性矿物。煤炭被人们誉为“黑色金子”“工业食粮”，它是18世纪以来人类主要使用的能源之一。

天然橡胶与煤炭、钢铁、石油并列为四大工业原料，是其中唯一可再生的原材料。小到一双鞋和一件雨衣，大到航空母舰和宇宙飞船都离不开橡胶。一辆轿车上有600多件橡胶制品，一辆坦克需要800多千克橡胶材料，一艘万吨级军舰需要60多吨橡胶

图1-11 橡胶轮胎

材料，即便是一件雨衣，也需要用到不少橡胶。目前全球橡胶制品超过7万种，其中轮胎的用量就占到天然橡胶用量的一半以上。由于橡胶可广泛应用于工业、农业、国防、交通运输、机械制造、医疗卫生、日常生活等各个方面，因此是一个国家国防安全、经济建设和人民生活必不可少的重要战略物资。

（4）植物能为人类创造适宜的居住环境

植物能够涵养水源，减少旱涝灾害。每公顷森林可储蓄500—2000立方米的水，能起到较好的保护水源作用，并可减少旱涝灾害的发生。

植物能够防止水土流失。据测定，在降水量为346毫米时，林地上每公顷泥沙冲刷量为60千克，草地为93千克，农耕地为3570千克，而农闲地为6750千克，可见植物在防止水土流失方面发挥着极其重要的作用。

绿色植物是天然的空气净化器，它可以吸收大气中的二氧化碳、二氧化硫、氨气、氯气和汞蒸气等大气污染物。全世界一年排放的大气污染物有6亿多吨，其中约80%会降到低空，除部分被雨水带走外，约60%都是靠植物来吸收的。

图1-12　吊兰

吊兰 *Chlorophytum comosum*

吊兰为百合科多年生常绿草本植物，具有净化空气的作用，被称为“绿色净化器”。它不但能吸收新装修房子中的甲醛等有害气体，还能将火炉、电器、塑料制品散发的一氧化碳、过氧化氮吸收殆尽，此外还能分解苯，吸收香烟烟雾中的尼古丁等有害物质。

(5) 美丽的花卉能带给人们无限的精神享受

全世界约有6万种观赏植物，它们用其多彩的颜色、奇特的形状和沁人的芬芳来装扮世界，帮助人们怡情养性。诗人们借物抒情，写出了众多流芳千古的诗词歌赋，如陶渊明的“采菊东篱下”、刘禹锡的“唯有牡丹真国色”、周敦颐的“出淤泥而不染”、苏东坡的“只恐夜深花睡去，故烧高烛照红妆”等，为人们日常平凡而忙碌的生活平添了一份情趣。

从上可知，植物在维持自然界的能量流动、物质循环、涵养水源、调节气候等方面，为人类和其他动物提供赖以生存的物质和能量及精神享受方面都发挥着极为重要的作用。没有植物，就没有现今多姿多彩、生机盎然的自然界和高度发达的人类社会。

花中之王——牡丹

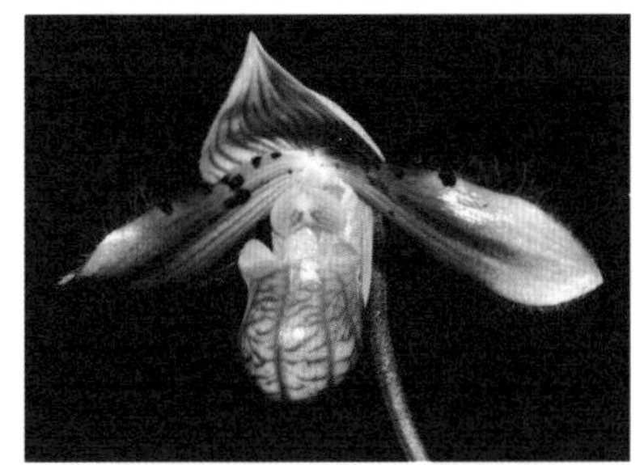

花中幽客——彩云兜兰

花中君子——荷花

花中隐士——菊花

图1-13　各种各样的花

③ 植物今日之殇

人类创造了丰富多彩、光辉灿烂的文明，却在改造世界的过程中，由于一些不合理的开发行为，打破了自然界的平衡，破坏了其完整性，并酿成全球性的生态危机，导致植物多样性受到严重威胁。

通过考古发现，地质时期物种灭绝的速度是极为缓慢的，没有人类的干扰，每27年才有一种高等植物灭绝。但自从人类出现，特别是工业革命以后，由于人类只关注对有经济价值的生物资源和矿产资源进行开发和挖掘，而忽略了对生物多样性和环境的保护，因此极大地加快了植物灭亡的速度。现今植物多样性正以过去地质时期100—1000倍的速度在丧失。2010年的全球调查报告称，全球38万种植物中有五分之一的物种面临灭绝的危险，超过22%的物种为极危、濒危或易危种。这将进一步导致与之相关的生态系统服务功能，如食物、燃料、生化产品和纤维等供给的大幅下降，并最终影响到人类的生存和发展。那么，到底有哪些主要因素在严重影响着植物的多样性呢?

(1) 生境的破坏和丧失

随着地球上人口的不断增加，人类为获取更多的土地、粮食和矿产资源，不断加大对森林、草原等的开垦和矿区的采挖，越来越多的森林和草原因此消失了，取而代之的是高楼林立的城市和大面积的耕地、牧场和矿场。森林是陆地生态系统的主体，是人类一个巨大的可再生自然资源库，同时也是地球上最大的陆地生态系统，是全球碳循环的重要组成部分，对人类的生存和发展至关重要。但1960—1990年短短的30年内，全球五分之一的热带森林就遭到严重破坏，目前其毁坏率达每年5.5万至12万平方千米。过度砍伐和垦荒导致许多野生动植物栖息地日益萎缩，使物

图1-14　过度放牧

图1-15　过度开垦

图1-16 滥伐树木

种多样性受到严重影响。专家估计，1990—2020年的热带森林砍伐将导致世界上5%—15%的物种消失，即每天减少50—150种。生境的破坏和丧失是目前野生植物多样性下降、数量减少甚至濒临灭绝的最主要原因，在目前的生命行星指数（LPI）中，生境的破坏和丧失对生物多样性的威胁占总影响因素的44%。

（2）过度采挖

人类为获取自然资源，对野生植物资源采取的过度乃至掠夺性开发，是造成植物多样性丧失的第二大原因。它直接导致了一些具有重要经济价值的物种濒危，甚至灭绝。在目前的生命行星指数中，过度采挖对生物多样性的威胁占总影响因素的37%。

天山雪莲 *Saussurea involucrata*

天山雪莲被人们奉之为“药中极品”，是藏药、蒙药等民族药中的一味主药，具有治疗月经不调、牙痛、风湿性关节炎、阳痿等功效。由于其分布区较为狭窄，主要生长于天山、阿尔泰山和

图1-17 天山雪莲

昆仑山海拔3000米以上雪线附近冰碛地带的悬崖峭壁或流石滩上，且种子发芽率较低，植株生长缓慢，5年才能开花结果，因此其野生数量极其有限。人们的滥采滥挖直接导致了其野生种群数量不断下降，造成药源逐渐枯竭。据新疆理化技术研究所专家科考后评估，如果再像现在这样不加保护地疯狂采挖，不出20年，天山雪莲就可能会从地球上永远消失。

(3) 外来物种入侵

外来入侵植物抗逆性强、生态位广、光合效率高，有的还能产生抑制其他植物生长的物质和具有能够借动物或风力传播的结构等，因此具有较强的生态适应能力。另外其中大部分为草本植物，世代短，能通过种子或营养体繁殖，种子数量多，散布能力强，且具有较强的萌发能力，因此能大量而快速地繁殖、扩散。此外，在新的栖息地，它们在一定程度上又摆脱了原有天敌和寄生虫的制约，很容易喧宾夺主，蔓延成片，成为优势群落，破坏当地生态系统的结构和功能，甚至给农业生产带来严重危害。随着飞机、轮船等的出现，人们的经济活动和交往变得日益频繁，这进一步增加了植物长距离传播和扩散的可能性，也增大了植物入侵的可能性。在目前的生命行星指数中，外来物种入侵对生物多样性的威胁占总影响因素的5%。

外来物种的入侵在世界范围造成的经济损失每年超过4000亿美元，而中国是外来物种入侵最严重的国家之一，每年导致的经济损失约有600亿元人民币，形势十分严峻。

紫茎泽兰 *Ageratina adenophora*

紫茎泽兰为多年生草本或半灌木状植物，原产墨西哥，自19世纪作为观赏植物在世界各地引种后，现已成为全球性入侵物种。20世纪40年代紫茎泽兰自中缅边境传入我国云南以来，现今在云南80%的土地上都有生长，并以每年10—30千米的速度向我国北方和东部继续扩散。在2003年由中国国家环保总局和中国科学院发布的

图1-18　紫茎泽兰

满山遍野的紫茎泽兰疯狂生长着，它们不断挤占着原生境植物的地盘。

《中国第一批外来入侵物种名单》中，紫茎泽兰名列第一位。

凤眼莲 ***Eichhornia crassipes***

凤眼莲俗名“水葫芦”，被称为“紫色恶魔”，原产南美洲委内瑞拉。1884年，凤眼莲在美国新奥尔良举办的博览会上展出，其紫色艳丽的花朵受到了人们的喜爱，后被作为水生花卉引入很

图1-19　开着美丽花朵的凤眼莲

图1-20　疯狂繁殖、堵塞河道的凤眼莲

多国家。但让人们没想到的是，凤眼莲在引入国的水域里疯狂繁殖，铺满了水体表面，进而造成水中其他生物因缺氧而大量死亡；同时堵塞了河道，导致水体不能自由流动，发臭发黑，成为很多国家农业、水利和环保的头号敌人。凤眼莲是我国最危险的16种外来入侵物种之一，我国每年打捞凤眼莲的花费就达5亿元，最引人关注的当属云南滇池的凤眼莲入侵事件。

（4）环境污染

随着人类文明的发展，环境污染也越来越严重。一系列的环境事件为我们敲响了警钟，比利时1930年发生的“马斯河谷事件”、美国20世纪40年代发生的“洛杉矶光化学烟雾事件”、英国20世纪50年代发生的“伦敦烟雾事件”以及我国北方近年来严重的雾霾……这些都是由于人类只顾眼前发展，而忽略环境保护导致的严重后果。它不仅使人们深受其害，也使许多植物遭遇厄运。环境污染会导致植物多样性在遗传、种群和生态系统等水平上降低，严重的甚至会导致一些物种的灭绝，影响生态系统的结

图1–21　雾霾

北京严重的雾霾，人民英雄纪念碑在白天也变得模糊不清。

构和功能。另外，环境污染还会导致植物的原生境受到破坏，严重的甚至会将原本郁郁葱葱的树林变成基本没有生物的死亡区，其危害不容小觑。在目前的生命行星指数中，环境污染对生物多样性的威胁占总影响因素的4%。

知识链接

- **伦敦烟雾事件**　1952年12月4日至9日，伦敦上空受到高压系统控制，由于当时伦敦冬季多使用燃煤取暖，且市区分布着许多以煤为主要能源的火力发电厂，逆温层的作用使煤炭燃烧产生的大量二氧化碳、一氧化碳、二氧化硫、粉尘等气体与污染物在城市上空蓄积，引发了连续数日的大雾天气，人们生活于迷雾中，连平时大街上明亮的路灯都在烟雾中变得若明若暗。直至12月10日，强劲的西风才吹散了笼罩在伦敦上空的恐怖烟雾。由于空气中含有大量的污染物，导致许多人出现了胸闷、眼睛刺痛、窒息等不适症状，发病率和死亡率急剧上升。在大雾持续的短短数天时间里，据英国官方统计，伦敦市死亡人数超过5000人，在大雾过后的两个月内又有8000多人死亡。此次事件被称为“伦敦烟雾事件”，是20世纪十大环境公害事件之一。

图1-22　英国伦敦大雾中的大本钟

（5）气候变化

随着人类生产、生活范围和规模的不断扩大，森林面积的不断缩小，加上工业的快速发展和化石燃料的大量使用，空气中的温室气体含量（如二氧化碳、甲烷等）大幅增加。自工业革命开始到1989年，空气中的二氧化碳含量从0.028%上升到了0.035%，从而导致了全球性气候变化。据科学家估计，到下个世纪中叶，地球表

表1-2 与全球平均温度变化有关的影响实例
(这些影响将因适应程度、气温变化速率和社会经济路径不同而异)

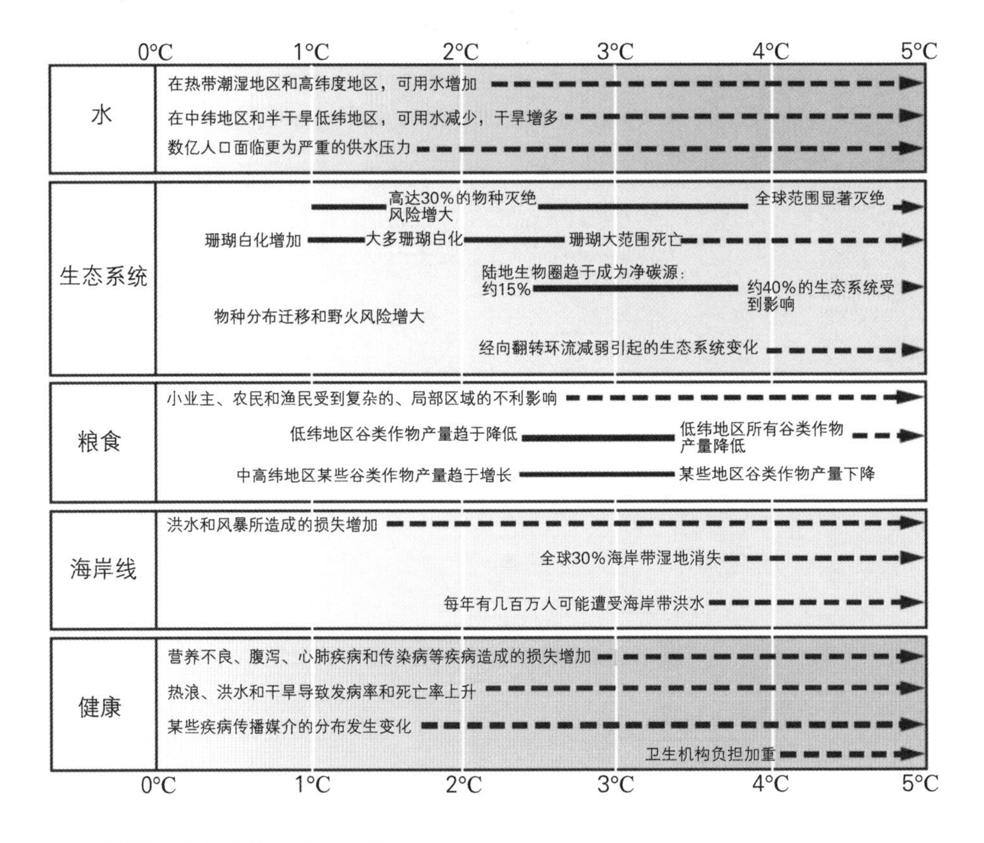

全球气候变化对食物供给、水供给、生态系统和人类健康造成严重影响。（摘自《2007气候变化综合报告》）

图1-23　融化中的南极冰层

由于全球气候变暖，南极冰层加速消融。

图1-24　北极熊之危

如果全球气候继续变暖，未来，北极熊将去往何处?

面的大气温度还可能会升高1.5℃—4℃，这将对食物和水资源供给造成严重影响，并破坏生态系统功能。另外，还会导致南北两极的冰层融化，海平面上升，使许多生长于沿海地区和岛屿上的动植物遭受灭顶之灾，使许多只适应寒冷条件的动植物无法生存，使许多动植物因大气温度上升太快，来不及演化而灭绝。此外，它还会引发严重的灾难性气候，使森林火灾和病虫害发生的频率增加，进一步加剧动植物灭亡的速度。在目前的生命行星指数中，气候变化对生物多样性的威胁占总影响因素的7%。但据研究人员推算，如果人类一如既往地进行碳排放，未来地球上将有六分之一的物种会因气候变化而受到威胁，这无疑将导致地球生态系统结构和功能发生重大改变，进而影响和改变人类的未来。

图1-25 杜鹃之危

生于高山上的美丽杜鹃，在全球气候变化中受到很大影响。

在过去的100年里，气候变化并不是引起生物多样性丧失或生态系统退化的主要原因（除了极地地区），但在下个世纪，它很可能会成为植物多样性丧失的最主要原因。

④ 植物灭绝引发的蝴蝶效应

一种植物从我们身旁消失了，对我们来说，是不是仅仅少了一些颜色和芬芳呢？

“蝴蝶效应”是美国气象学家爱德华·洛伦兹（Edward Lorenz）1963年时提出的理论。其大意是：一只南美洲亚马孙河流域热带雨林中的蝴蝶，偶尔扇动了几下翅膀，可能两周后将在美国得克萨斯州引起一场龙卷风。原因是蝴蝶翅膀的运动导致它身边的空气系统发生变化，并引起微弱气流的产生，而微弱气流会引起四周空气和其他系统发生相应变化，并由此引发连锁反应，最终导致其他系统的极大变化。蝴蝶效应理论说明在一个相互联系的体系中，一个很小的初始能量很可能会导致一连串的连锁反应，并最终导致巨大的变化。它对于我们理解生物多样性下降对人类生存和发展的影响极具启示性。

地球上的生物并不是孤立存在的，在自然界中生物与环境构成了统一整体，在这个体系中，生物与生物之间、生物与环境之间都是相互影响、相互制约的，并在一定时期内处于相对稳定的动态平衡状态。在能量金字塔中，植物作为第一生产者处于金字塔的底层，它为人类提供了丰富的食物、药材等生活必需品和大量的工业原料，并为人类营造了一个宜

图1-26　蝴蝶效应示意图

居环境；而人类作为高级消费者，处于金字塔的顶端，对植物的需求是以几何级数增长的。随着人类对森林、草地的过度砍伐、放牧和开垦，位于金字塔底层的植物的数量和种类将会大幅减少，这必将反过来影响处于塔尖上的人类的生存和发展。另外，据科学家研究，自然界的各物种之间存在着千丝万缕的联系，共同编织着错综复杂的食物链，因此一个物种的灭亡必将动摇与之相关的其他物种的稳定性，一种植物的消失可能会导致与之相关的几十种伴生物种的消失。植物的大量灭绝将会动摇人类生存和发展的塔基，人类怎能在由植物多样性丧失引发的巨大旋涡中独善其身呢？

图1-27　能量金字塔

如果说前五次的生物大灭绝是由地质、气候或天文事件导致的，那么目前的生物灭绝就与人类的活动密切相关。如果人类现在还不警醒，并采取适宜的保护和补救措施，遏制这种恶化趋势，则可能会引发第六次生物大灭绝，人类最终将自食其果，甚至出现《受威胁的生命》报告中所说的“人类将在第六次生物大灭绝中彻底从地球上消失”的结局。我们希望看到这样的结局吗？肯定不愿意。

⑤ 保护植物多样性——人类在行动

基于植物对人类生存和发展的重要作用，以及它们目前面临的多样性危机，世界各国政府和科学家们自20世纪70年代起，就把保护环境和生物多样性提到重要日程上，并相继召开了联合国人类环境会议、联合国环境与发展大会、《生物多样性公约》第六次缔约方大会、《生物多样性公约》第十次缔约方会议等一系列重大国际会议，希望通过沟通和协调，全球合作，最大限度地保存地球上多样的生物资源，以造福当代人类及子孙后代，使人类社会能持续发展下去。

图 1-28 保护植物多样性，需要全人类共同努力

知识链接

- **联合国人类环境会议** 1972 年 6 月 5 日至 16 日，113 个国家和地区以及一些国际机构的 1300 多名代表参加了在瑞典首都斯德哥尔摩召开的联合国人类环境会议。这是联合国史上首次研讨保护人类环境的会议，也是国际社会就环境问题召开的第一次世界性会议。会议的召开标志着全人类对环境问题的觉醒，是世界环境保护史上一个重要的里程碑。

- **《生物多样性公约》** 《生物多样性公约》是一项保护地球生物资源的国际性公约，由 100 多个签约国于 1992 年 6 月 5 日在巴西里约热内卢举行的联合国环境与发展大会上签署。中国于 1992 年 6 月 11 日签署该公约。它旨在保护濒临灭绝的植物和动物，最大限度地保护地球上多样的生物资源，以造福当代和子孙后代。

各个国家和地区纷纷以积极的态度，建立自然保护区、国家公园、植物园等，对各国的动植物资源进行抢救性保护。据统计，至2003年，世界各地共建立国家公园和自然保护区10.2万个，面积达1880万平方千米，占地球陆地面积的12.65%，其中面积在1000平方千米以上的自然保护区就达4500个；建立植物园3000多座，起到了较好的保护效果。但就地保护的物种很可能由于天灾和人祸而毁于一旦，且随着全球气候变暖，原来适合植物生长的区域将会变得不再适合其继续生长。因此，自20世纪20年代起，世界各地开始兴建各种“种子方舟”——种子（质）库。至今全世界已建成1750座种子（质）库，共保存了740多万份种质资源，其中种子占90%。种子（质）库为现今植物物种提供了一个庇护所，为未来可能灭绝的植物存下了生命的火种，也为人类未来开发和利用这些种质资源奠定了坚实的基础。

知识链接

- **就地保护**　是指以各种类型的自然保护区（包括风景名胜区）的方式，对有价值的自然生态系统和野生生物及其栖息地予以保护，以保持生态系统内生物的繁衍与进化，维持系统内的物质能量流动与生态过程。自然保护区和各种类型的风景名胜区均是实现这种保护目标的重要措施。
- **迁地保护**　是指为了保护生物多样性，把因生存条件不复存在、物种数量极少或难以找到配偶等原因，生存和繁衍受到严重威胁的物种迁出原地，移入动物园、植物园、水族馆和濒危动物繁殖中心，进行特殊的保护和管理。迁地保护是就地保护的重要补充，是生物多样性保护的重要措施。

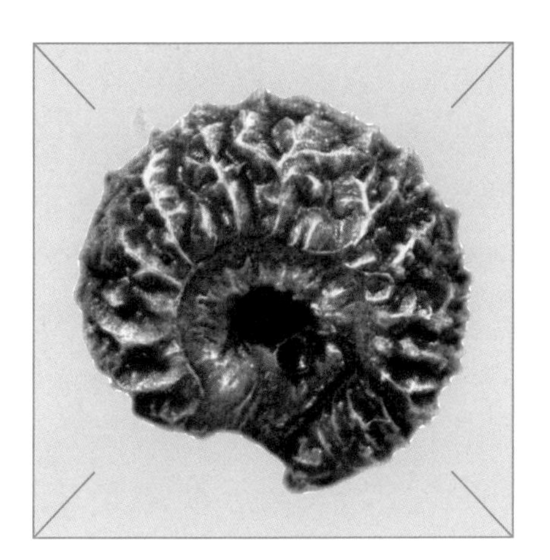

第二章 伟大的种子，神秘的种子世界

种子是种子植物的繁殖器官，也是其散布器官。经过3.6亿年的进化，种子呈现出了让人惊叹不已的多样性。借助精巧完善的结构、多样化的散布方式，以及独特的休眠特性，种子造就了种子植物在现今植物界的主体地位和郁郁葱葱的自然界，也造就了人类高度发达的现代文明。

种子是植物生命的载体，也为人类提供了基本的食物。

扫码看视频

① 伟大的种子

种子起源于3.6亿年前，是种子植物产生的最为复杂的器官之一，为裸子植物和被子植物所特有。它是植物延续生命的载体，同时也是植物向外传播和扩散的载体。它在种子植物取代蕨类植物的进化过程中发挥了极为重要的作用，并为种子植物发展成为现今植物界中最高级、最繁茂和分布最广的类群奠定了基础。

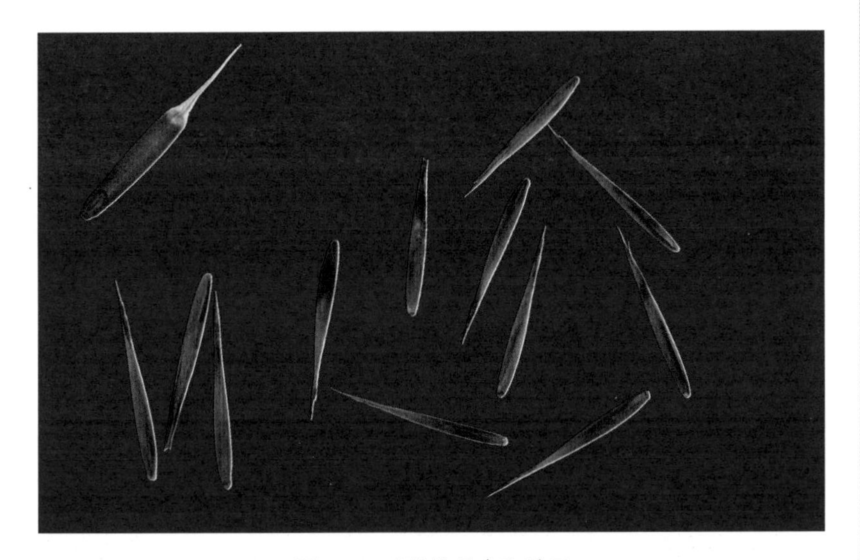

图2-1 毛竹的果实和种子

竹子是较为奇特的一类植物，其一生都在忙着生长，少则30年，多则120年才开一次花，有的种类甚至在临死前才开出不起眼的小花，并结出貌不出众的种子。一片竹林死去了，它们的种子

注：本书所指的种子是广义上的种子，即植物的播种材料，包括果实和种子。

图2-2　毛竹植株

却在第二年开始萌发，并快速成长为一片新的竹林，从而完成对死去竹林的更新。由此可见，种子对植物的繁衍是何等重要，它是植物新生的希望啊！

人们不禁要问："那种子与人类到底有什么关系呢？"可以说，人们每天的生活都离不开植物种子。每天清晨，大家享用的早点，不论是喷香的面包，还是美味的豆浆、油条，或是家常的面条、米线，都是由植物的种子加工而成的；每天正餐所食用的米饭、馒头和众多佳肴，如炸花生、炒青豆、香煎豆腐等，也都是植物种子及其加工品；炒菜使用的油，不论是花生油、大豆油、菜籽油、茶籽油，还是芝麻油，都来自植物种子；身上穿的漂亮棉质衣服是由棉花种子的

图2-3　各种香甜的面包

表皮毛制成的；生病时喝的中药，其成分中有许多植物种子；充满困意时喝的香浓咖啡，高兴时与朋友喝的啤酒，平时所吃的巧克力，口渴时喝的椰汁……也都是植物种子加工而成的。真的难以想象，如果没有植物种子，人类的生活将会变成怎样。下面就让我们具体来认识一下对人类贡献较大的几种植物种子吧。

图2-4　花生及花生油

水稻　*Oryza sativa*

水稻是世界上食用人数最多、历史最悠久的农作物，目前全球约有25亿人以大米为主食。亚洲是最主要的水稻生产与消费区，全世界90%以上的稻米都产自这里，其次是非洲和美洲。中国水稻种植面积约为45644

图2-5　可口的米饭

图2-6 水稻

万亩，年产量约为2.064亿吨，为世界上最大的水稻生产国。稻米每天为亚洲人提供超过80%的能量，为非洲人和美洲人提供大约30%的能量。

水稻——这一生长在热带、亚热带地区的半水生禾本科植物，孕育了以长江文明为代表的东亚、东南亚以及南亚文明。在公元前1万年左右，居住在长江中下游温暖、湿润地带的中华民族祖先经历了漫长的渔猎和采集野果生活以后，逐渐认识到野生稻的食用价值，并跨出了从采集野生稻米到人工栽种稻谷、生产粮食的重要一步。这是人类进化史上划时代的一步，是人类从荒蛮走向文明的一大步。

玉米 *Zea mays*

图2-7 玉米

玉米不仅是现今人类的主要粮食作物之一，还是印第安人古代文明的基础。7000多年前，在墨西哥中部广袤的土地上，勤劳勇敢的古印第安人就通过不断的收集、驯化，培育出了果实硕大、淀粉含量较高的玉米。据考证，墨西哥的文明史几乎与玉米的进化和发展同步。玉米深深地渗入墨西哥社会的组织形式、人们的生活方式及思维方式之中。

哥伦布发现美洲后，把玉米带回了西班牙，并逐渐传遍世界，成为全球重要的粮食作物之一，至今世界各大洲均有玉米种植。国际谷物理事会发布的最新报告显示，

2014—2015年度全球玉米产量约为9.823亿吨，玉米用量约为9.512亿吨，玉米贸易量约为1.129亿吨。

玉米除了作为人们的主食外，还是食品、医药、化工、制糖、饲料等行业必不可少的原料。随着地球上一次性能源的日趋枯竭，相信可以生产酒精的玉米将在“绿色能源”的队伍中再一次绽放出光芒。

图2-8 玉米

小麦 *Triticum aestivum*

小麦是世界上最早的栽培植物之一，也是西亚、北非以及欧洲文明的重要基础。早在1万多年前，亚洲西部的人们就已开始种植二倍体的小麦，并以它作为粮食。现今六倍体的普通小麦是世界上大多数国家的基本粮食作物。据统计，全球有三分之一以上的人口将小麦作为主粮，其种植面积超过30亿亩，年产量达9.208

图2-9 沉甸甸的金色麦穗

图2-10　美味的面食

亿吨，堪称“世界数一数二的粮食作物”。

作为优良的旱地粮食作物，小麦在人类文明和文化发展史上发挥过重要作用，它滋养过全世界最早产生的文明——西亚的美索不达米亚古代文明、非洲尼罗河畔的古埃及文明、印度河流域的古印度文明，以及中华文明。

大豆　*Glycine max*

大豆是人类驯化的一种古老油料作物，也是人类最主要的植物蛋白来源，大豆类产品（鲜豆、豆芽、豆腐、豆奶等）还是人们，尤其是亚洲人喜爱的食物。大豆油是目前世界上消费量最大的植物油，约占世界食用油产量的一半。豆类食物不仅占据着世界食物产量60%以上的份额，还是制作鸡、鸭、鹅、猪、羊、牛和鱼类饲料的首选。

目前世界上的大豆生产虽主要集中在美国（40%以上）、巴西

图2-11　大豆和各种大豆制品

（25%左右）、阿根廷（15%左右）与中国（6%左右）四个国家，但大豆及其产品（豆油与作为饲料的豆粕）的消费却遍布全球，几乎没有哪个国家能够完全摆脱对它的消费。

咖啡 *Coffea* spp.

咖啡，这一经过烘焙的咖啡豆制作出来的饮料，原产于非洲埃塞俄比亚，至今已有1500多年历史。目前全世界有70多个国家和地区在生产咖啡，大约15亿人每天在饮用咖啡，无论是产量、消费量，还是产值，咖啡均居世界三大饮料之首，是国际贸易中继石油之后的第二大原料产品，也是世界最大宗的热带食品原料之一。

图2-12　咖啡果实

目前，以咖啡为原料的食品有上百种，这些咖啡食品因消费方便和富有营养而备受消费者的青睐。除此之外，咖啡还在食品开发、医药用品和工业上具有广泛用途。

棉花 *Gossypium* spp.

棉花，这一被印度河流域的达罗毗荼人驯化并种植的农作物，深深影响着人类历史的进程和人们的生活。棉花是世界上主要的农作物之一，人们利用棉花种子表面的种皮毛织出了绚丽多彩的衣物、毛巾等纺织品。由于其物美价廉，已成为目前世界上使用最广的纺织品。仅2014—2015年度，全球棉花总产量就达2569.5万吨，年消费量达2441.1万吨。

图2-13 成熟并开裂的棉花果实

图2-14 各种棉质毛巾

此外，棉花还是重要的油料作物、精细化工原料和重要的战略物资，在国防、医药、汽车工业等方面都具有重要用途。

经过数亿年的物竞天择，经过无数次沧海桑田的沉浮涤荡，种子以其形态万千、色彩斑斓的外表和精巧完备的内部结构，以及能跨越高山、远渡重洋的多种散布途径和由休眠机制产生的独特的跨越时空的生存方式，使得种子植物发展成为现今植物界中最高级、最繁茂和分布最广的类群。

除了创造植物界的辉煌，种子还与人类的生存和发展息息相关。人类诞生之初就与种子产生了密切联系，在早期发展过程中，人类以采食野果和种子、捕食鸟兽而得以生存和繁衍；约1万年前，人类开始利用种子进行栽培，结束了游牧生活而进入农耕社会，开启了人类文明之旅；在现代社会，种子为全球70多亿人提供了食物、药材、饮料等生活必需品，以及大量的工业原料。可以说，没有种子，就没有人类高度发达的现代文明。

图2-15　醇香浓郁的咖啡

② 神奇的种子散布方式

在地球上，从海洋到陆地，从高山到洼地，从寒冷的南极到炎热的撒哈拉沙漠，到处都能见到种子植物的踪影，但植物不会像人和动物一样行走和奔跑，也不会像鸟儿一样飞翔，那么它们是怎么做到这一点的呢？答案就在种子身上。为了能散布到更远的地方，开拓和占领更多的领地，使该种植物能够不断繁衍壮大，不同的植物在种子表面形成了不同的结构，有大大的翅、长长的冠毛、坚硬的钩刺、美味的果肉……在成熟季节，种子或如柳絮般飞舞于空中；或漂浮于水面，随溪流、瀑布和江河，远赴他乡，甚至漂洋过海；或钩挂于动物皮毛上，搭乘它们的“快车”，散布到其他地方；或仅凭一己之力进行有效散布……下面就让我们来见识一下几种植物种子的奇特散布本领吧。

百部 *Stemona japonica*

图2-16 裂开的百部果实

百部的果皮裂开了，露出一粒粒整装待发的种子。

百部椭圆形种子的顶端具有灰色或灰白色、布满皱褶、突出而醒目的种阜，其内富含油脂和蛋白质等营养物质，是蚂蚁喜食的美味。每当种子成熟时，包被种子的两果爿就会裂开，露出里面众多的种子和诱人的种阜。蚂蚁闻香前来，将百部种子搬运回巢。这能有效降低母株附近种子的密度，防止未来小苗与母株之间、小苗与小苗之间形成激烈竞争。食用完种阜后，蚂蚁会将剩下的种子丢弃于蚁巢的垃圾堆中，从而为百部种子找到一个温暖湿润且营养丰富的成长居所。另外由于有蚂蚁的看护，其有更多长成成株

图2-17 蚂蚁搬运百部种子（摄影：陈高）

的机会。百部通过小小的种阜，就达到了散布种子的目的，这是何等聪明呀！

南方红豆杉 *Taxus wallichiana* var. *mairei*

南方红豆杉的种子为黑色的倒卵形，生于杯状的假种皮中。该假种皮在种子未成熟时呈绿色，硬而涩；当种子成熟后，就会变成红色，且柔软多汁，富含糖、脂肪、蛋白质等营养物质，成为鸟儿喜爱的食物。南方红豆杉的树皮、枝、叶和种子均含有有毒的紫杉醇，而假种皮则没有，这可是南方红豆杉专门用来犒劳鸟儿为其散布种子的礼物哟！

图2-18　南方红豆杉的种子

木蝴蝶 *Oroxylum indicum*

滑翔并不是鸟儿的专利，木蝴蝶的种子具有薄如蝉翼的宽翅，它可支撑种子借着微弱的上升气流在空中滑翔，或在大风中

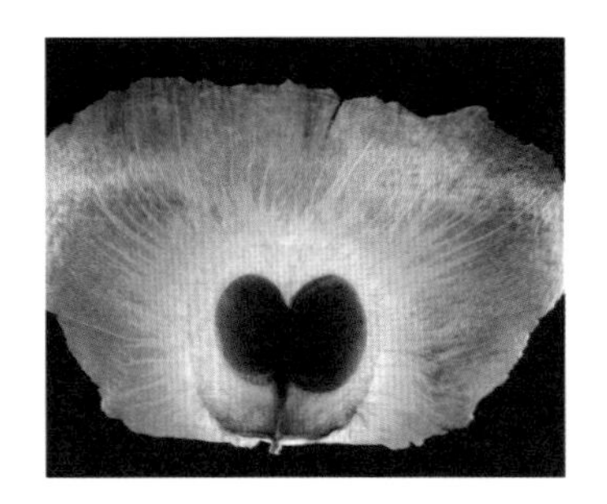

图2-19　木蝴蝶的种子

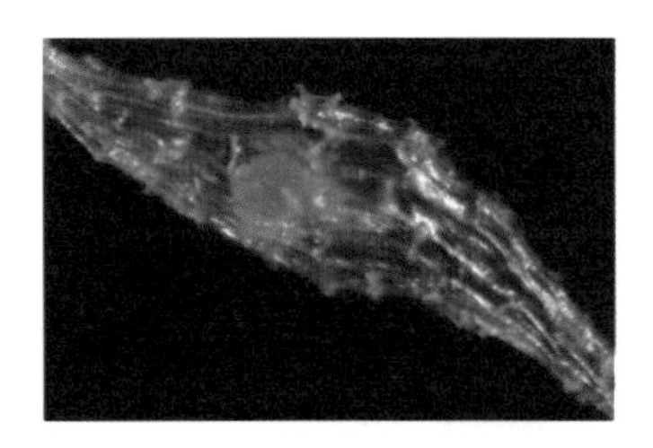

图2-20　束花石斛的种子

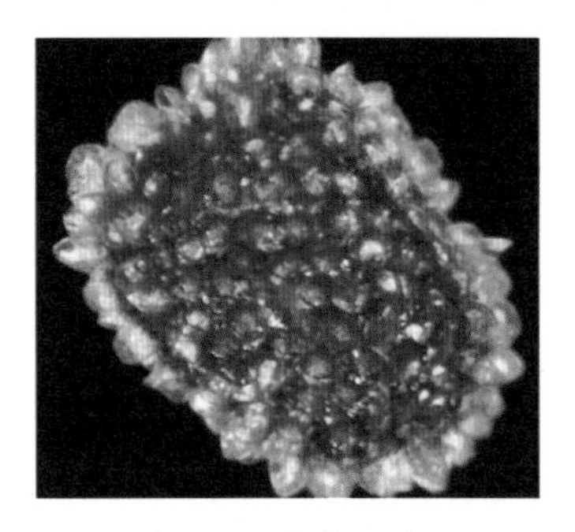

图2-21　扁蕾的种子

图2-22　蒲公英的种子

翻飞。当大风来袭，木蝴蝶的种子就像初长成的小鹰一样，勇敢飞离巢穴，闯荡世界去了。通过飞离高大的母株一段距离，木蝴蝶的种子就能获得更多的阳光、雨露和营养，从而有机会长大成材。

束花石斛 *Dendrobium chrysanthum*

束花石斛为兰科植物，其种子极小，如粉尘一般，只有在显微镜下才能看清楚。其种皮薄而透明，包裹呈囊状，内部充满空气，外部表面则布满能有效增大表面积的蜂巢状纹饰。这些特点使束花石斛的种子极易随风和气流进行传播。

扁蕾 *Gentianopsis barbata*

扁蕾的种子较小，表面密布能够增大表面积的蜂巢状网孔，网孔四周的网脊上还具有圆形的空泡状竖翅。这种双重结构使扁蕾的种子极易随风飘散，去寻找一片属于自己的领地。

蒲公英 *Taraxacum mongolicum*

蒲公英的种子顶端有一簇类似降落伞的冠毛，它使种子仅凭风力就能飘到几千米外的地方，生根扎营。

倒提壶 *Cynoglossum amabile*

倒提壶的种子背部密生褐色、长短不一的锚状硬刺，因此能够轻松钩住从旁经过的动物的皮毛和人的衣物，免费搭乘它们的“快车”，散布到远方。

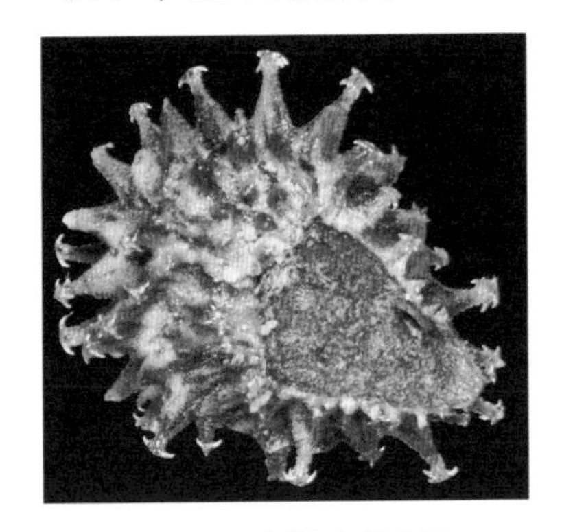

图2-23　倒提壶的种子

图2-24　倒提壶的锚状硬刺

蒺藜 *Tribulus terrestris*

蒺藜的种子边缘有两对锐刺，它们硬如铁钉，能够刺入动物的蹄子和人的鞋底。为了达到散布的目的，它们竟采取这种“暴力”的方式，是不是很有意思？

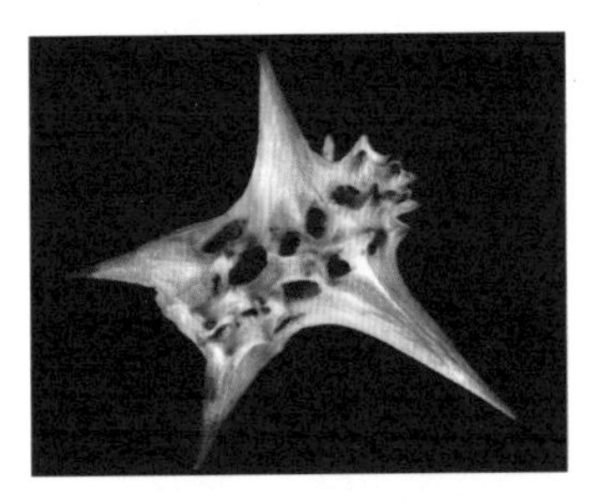

图2-25　蒺藜的种子

星叶草 *Circaeaster agrestis*

星叶草纺锤形的种子表面长满了2.5—3.8毫米长的倒钩，可以轻松钩住动物的皮毛和人的衣物而散布。

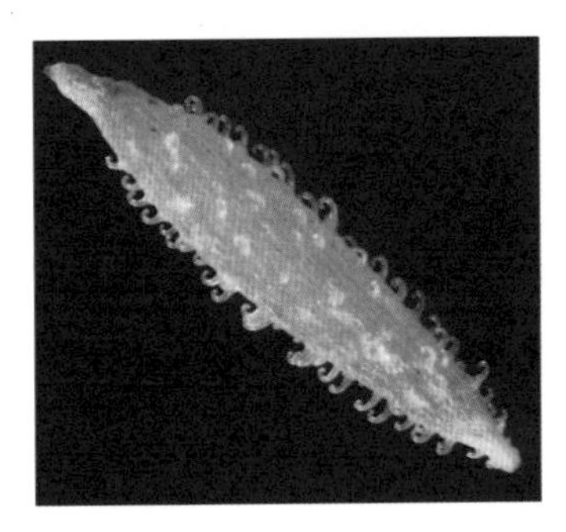

图2-26　星叶草的种子

种子表面结构的多样性让人惊叹不已，小小的种子竟蕴含着如此智慧的散布策略。借助这些特殊的结构，它们就能不断“开疆拓土”，在地球上繁衍壮大。

扫码看视频

③ 复杂而多样的种子形态结构

大自然是神奇的造物主，它不仅造就了植物界中绚丽多彩的花朵，还造就了千奇百怪、形态各异的种子。尽管种子无处不在，但其大都较小，不甚起眼，因此很多人可能从未为一粒种子停下过脚步，也未曾将种子拿在手中仔细端详过。下面就让我们把它放到镜头下，来见识一下其无与伦比的美丽和神奇吧。

（1）大小相差10^{11}级

仅生长于塞舌尔共和国普拉兰岛及库瑞岛的棕榈科植物海椰子（*Lodoicea maldivica*）的种子是世界上最大的种子，一个就重达20多千克，而最小的兰科斑叶兰（*Goodyera schlechtendaliana*）种子却小得要借助显微镜才能看清楚，一粒种子只有5×10^{-7}克，二者之间相差了10^{11}倍，这不能不说是生命的奇迹。不同植物种子大小的差异与其不同的繁殖策略有关。

图2-27 世界上最大的种子——海椰子的种子

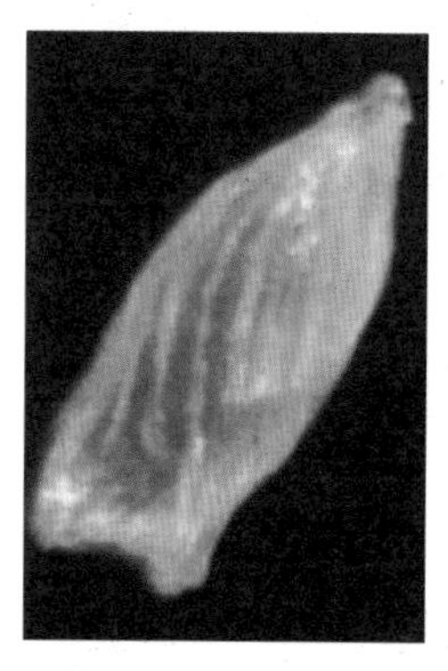
图2-28 兰科茎花石豆兰的种子

兰科茎花石豆兰的种子虽比斑叶兰的大，但仍是如粉尘一般，只有在高倍显微镜下才能看清。

（2）绚丽多彩的种子世界

就如调色板一般，种子的世界也是色彩丰富、流光溢彩的。有黑色的肉花卫矛种子，白色的繁缕状龙胆种子，红色的海红豆种子和尾穗苋种子，红棕色的粗茎秦艽种子，橙色的芒苞草种子和四川婆婆纳种子，黄色的银木荷种子和酸浆种子，黄绿色的苦马豆种子，蓝黑色或黄蓝色的黄花木种子，紫色的山麦冬种子，紫褐色的菥蓂种子，灰色的聚花草种子，棕色的锦葵种子，褐色的疏毛女娄菜种子和秃疮花种子，等等。

并非所有的种子都是单种颜色的，有不少种子是色彩斑斓的。如相思子，其椭圆形的种子顶部三分之一为黑色，下部三分之二为红色；黄波罗花，其黄绿色的种子表面有疏密不等的褐色斑点；蓖麻，其棕色或白色、形如昆虫的种子表面布满了黑色、白色、棕色的斑纹和条纹。

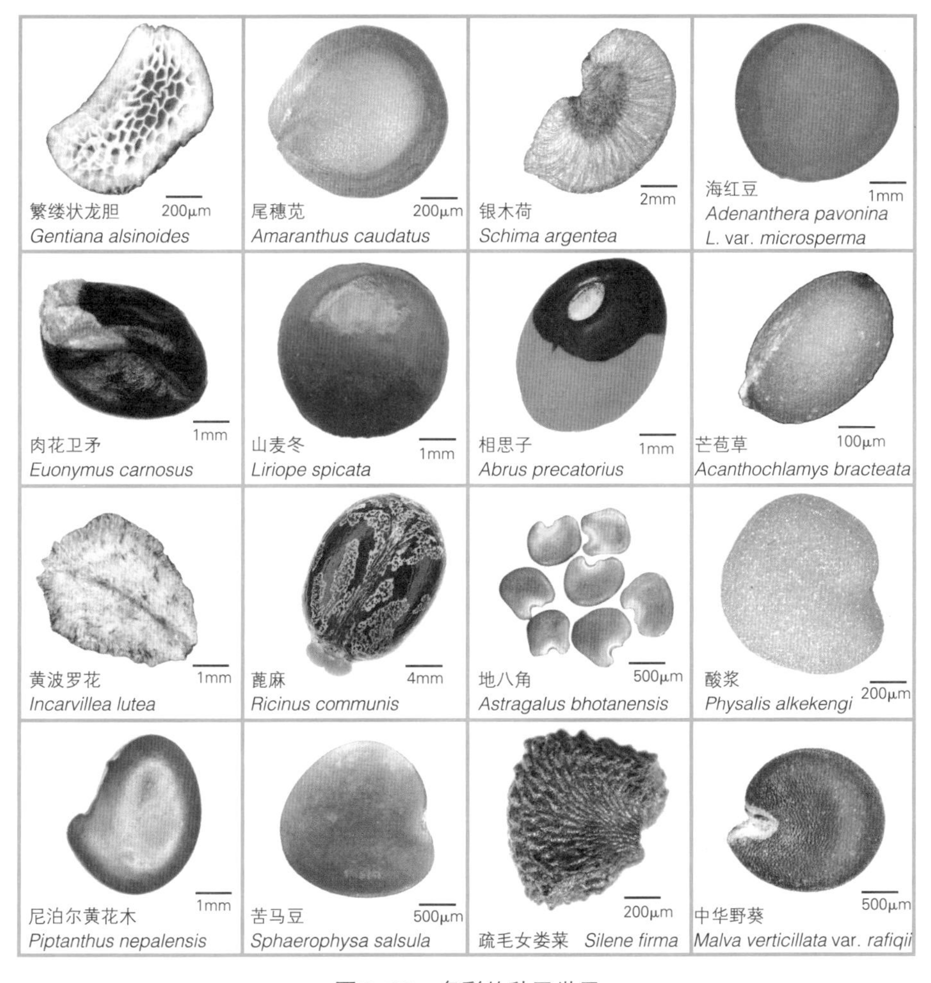

图2-29 多彩的种子世界

此外，豆科地八角的成熟种子还同时呈现出多种色彩，有绿色、黄色和棕色，让人惊诧不已。

(3) 复杂多样的胚

胚是种子中最重要的组成部分。著名的种子形态学家马丁（Martin）利用5年的时间对1287属植物种子的胚进行了深入研究，根据胚的形状、大小和位置将其分成了未发育型、线型、宽型、头型、弯型等12种类型，但仍不足以描尽胚的多样性和复杂性。梭梭的胚为陀螺状，藏北嵩草的胚为鼓槌状，茅膏菜的胚如一粒闪闪发光的黄色钻石，而化香树的胚则如一只白色的飞虫。泡果沙拐枣的胚像一支洁白无瑕的玉雕毛笔，直立于种子中央；而小花姜花的胚则像一只站立的黄色小鸟，其弯曲的头部实为垂直对折后再横折的子叶顶端。假酸浆的胚为白色，牻牛儿苗的胚

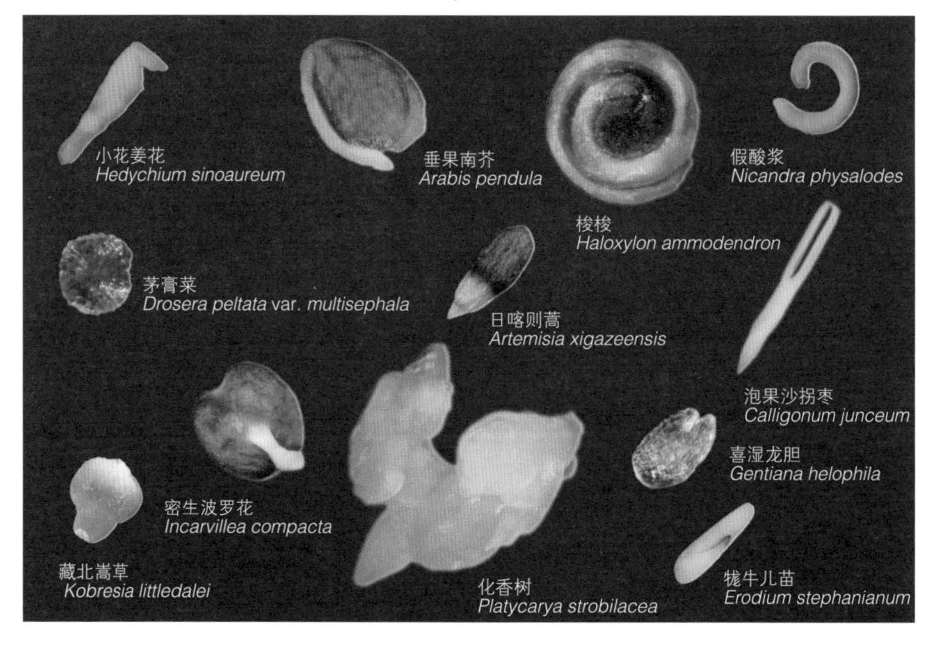

图2-30　种子的胚呈现出了丰富的多样性

为黄绿色。清香木的子叶为绿色，密生波罗花的子叶表面为蓝黑色，而垂果南芥的子叶为棕黄色，且具有紫色叶脉。

胚为什么会具有如此丰富的多样性呢？这与种子的萌发特性、植株的生活性及生长的环境有着密切关系。

(4) 完备的种子结构

为适应地球复杂而多样的环境，保证物种的繁衍壮大，植物种子的外部形态和内部结构呈现出了丰富的多样性，但其基本结构却是基本一致的，一般都由种皮、胚和胚乳三个部分组成。只在少数种类的种子中存在一些其他组织，如外胚乳等。

- **种皮：**由珠被发育而来，具有保护胚与胚乳的功能，它可使种子免受外力的损伤，并防止病虫害的入侵，同时还与种子的休眠特性有着密切关系。
- **胚：**是由受精卵发育形成的新生植物体雏形，在适合条件下，会进一步成长为新一代的植物体，是构成种子最重要的部分。发育完全的胚由胚芽、胚轴、子叶和胚根四个部分组成。
- **胚乳：**在被子植物中由极核受精后发育而成，而在裸子植物中则由雌配子体直接发育而成，是种子贮存养料的地方，专供种子萌发和幼苗成长之用。但在有的种子中，在生长发育后期，胚乳中的养料会被胚吸收而转入子叶进行贮存，最后仅留下一层痕迹，甚至完全消失。
- **外胚乳：**部分植物种子中由珠心发育而来，与胚乳功能相似的营养组织。

相对于藻类植物、苔藓植物、蕨类植物等产生的孢子，种子的结构更复杂，大小更悬殊，形式更多样。种子外层是结构复杂而多样的种皮，种皮致密的结构能有效地保护内部的胚和胚乳，抵御病虫的侵害和不良环境的损伤。另外，其外表面还具有多种附属结构，可以帮助种子散布到更广阔的空间，从而拓展该种植

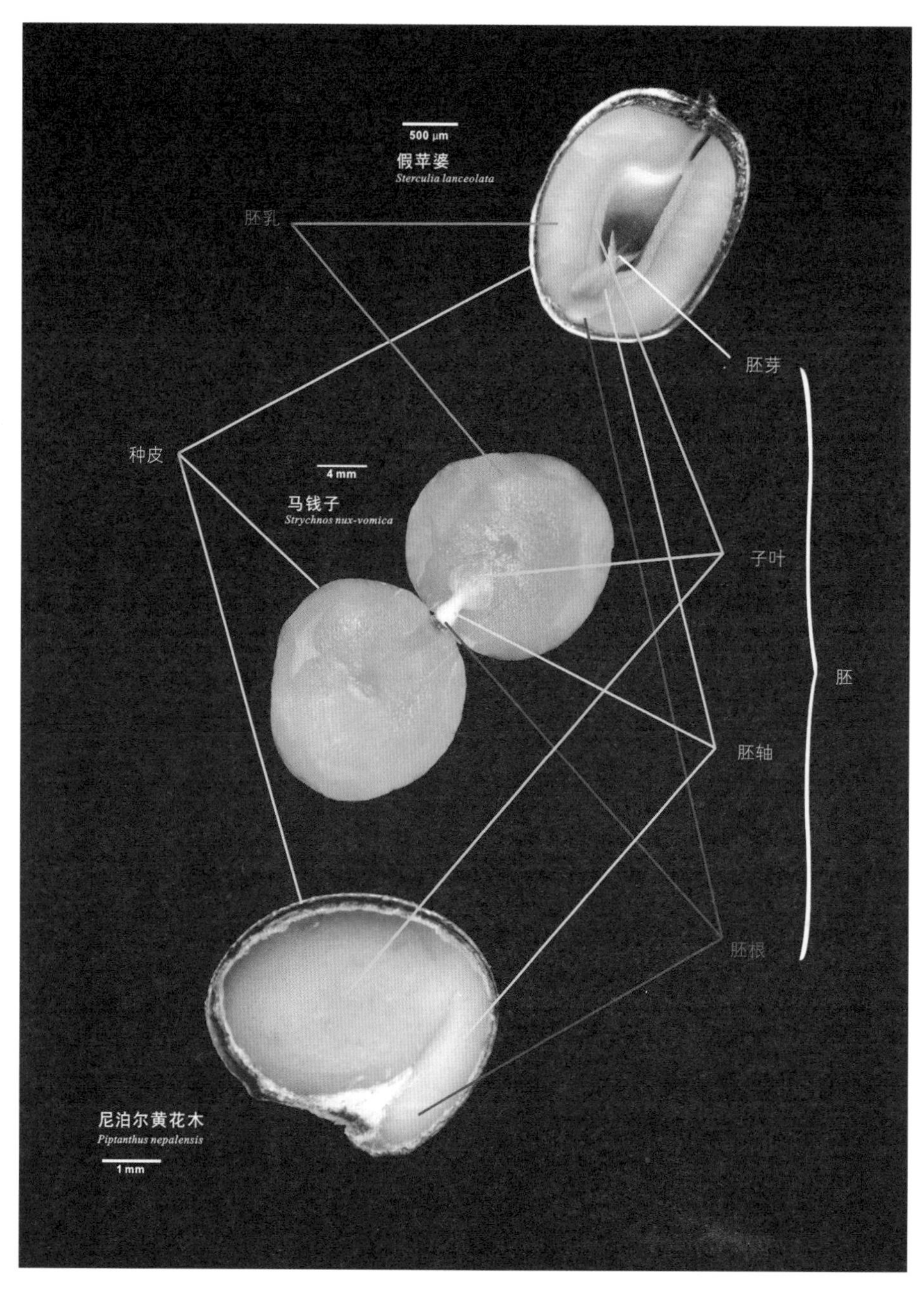

图2-31　种子的基本结构

物的领地。而种皮内的子叶和胚乳蕴含了丰富的营养，可以为种子的萌发和小苗的早期生长提供所需能量。胚则携带了双亲的遗传特性，因此由其长成的植株往往会比双亲具有更大的变异和适应能力。另外，当它遇到不良环境时，还会停止发育，进入休眠状态，而待环境适宜时再继续生长。正是由于种子这些独特的结构和特性，才使其能够完全摆脱水生环境的限制，较好地适应复杂多样的陆地生活，并具有较长的寿命。这也正是种子植物能够最终成功取代产生孢子的蕨类植物，成为现今植物界主体的重要原因之一。

种子中富含的营养不仅为自身萌发所需，也是人类食物和能量的重要来源。自从人类在地球上出现后，就与种子结下了不解之缘。远古的人类靠采食野果和种子维生；约1万年前，人类进化到能利用种子进行作物栽培，从而结束了游牧生活，进入农耕社会，开启了人类的文明时代。

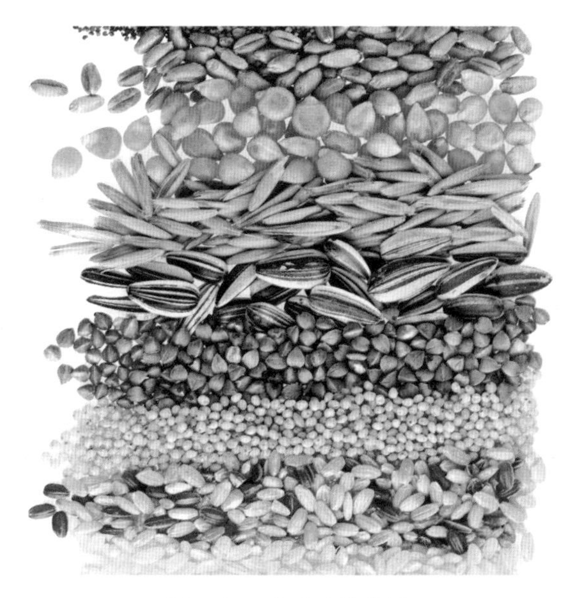

图2-32　多种食物种子

图2-33　春播秋收

第三章 种子方舟

随着经济的发展和科技的进步，各国政府逐渐认识到种质资源保护对于人类社会可持续发展的重要作用。于是，利用种子体积小、会休眠、易保藏等特点，人们打造了一艘艘“种子方舟”——种子（质）库，抢救性地对本国或其他国家的种子资源进行收集和保存，并在这一领域展开了激烈竞争。目前，全世界已建成1750座种子（质）库，这些种子（质）库是人类为未来存下的生命火种。

“种子方舟”关乎着人类的未来发展。

① 通过种子库来保护植物多样性的诸多优点

保护植物多样性的方法有很多，人们可以通过建立保护区和森林公园等进行就地保护，也可以通过建立种质圃、植物园、离体库和DNA库等进行迁地保护。种子库具有就地保护和其他迁地保护方法所不能比拟的诸多优点。

（1）能较好地保存物种的种性和多样性

人们常说，“种瓜得瓜，种豆得豆”，种子是植物的繁殖器

图3-1 大果核果茶

受果实内空间、种子数、排列方式的影响，同一个果实内的大果核果茶（*Pyrenaria spectabilis*）在大小和形状上都有所不同。

官，每一粒种子中都携带有该种植物完整的遗传信息。当环境条件适合时，它便会萌发，长成新一代的植物体，完成传宗接代的重任。因此，通过保存种子，人们就能达到保存该种植物的目的。种子除了具有保守性外，为适应复杂多变的自然环境，还具有一定的变异性，出现如谚语所说的“一母生九子，九子各不同”的情况。因此通过保存一定数量的该种植物种子，人们就能保存该种植物众多的遗传多样性。而通过就地保护和其他迁地保护方法保存的植物数量通常有限，因此保存的植物基因型也有限。

（2）能较大范围、较长时间保护植物多样性

现今陆地上60%—88%的植物都会产生种子，而约87.4%的陆地植物种子都是正常型种子。正常型种子能够禁受低温、干燥处理，并且其贮藏寿命会随着温度和湿度的下降而延长。因此在种子库内，通过低温干燥法就能有效保存大部分植物物种的种子，使其在几十年、几百年甚至几千年后仍能正常发芽、生长。这是就地保护和其他迁地保护方法所不能企及的。

（3）种子采集简单易行

当种子在植株上发育成熟后，绝大部分的种子都会主动脱离母株，并搭乘风、水、动物等的便车，散布到远方，进一步拓展该种植物的领地。种子采集工作不会造成植株和种子的损伤，且操作相对于其他迁地保护方法而言简单易行。

图3-2 硬毛虫豆的种子散布方式

硬毛虫豆（*Cajanus goensis*）的荚果成熟时，果皮会先两瓣裂开，然后分别扭转，借扭力将种子弹射出去。

(4) 用较少空间贮藏数量巨大、种类繁多的种子

由于种子体积大多较小，因此种子库单位面积贮藏的物种数远远超过生物多样性最丰富的亚马孙河流域所具有的物种数，这也是其他保存方法难以企及的。

图3-3　保存众多种子的冷库

(5) 管理相对简单

在贮藏过程中，就地保护方法中的保护区和森林公园，迁地保护方法中的种质圃和植物园，都需要摸索相关的栽培和引种驯化技术，且需考虑极端天气、病虫害、山火等给这些资源造成的毁坏。而种子库则有效避开了就地保护和其他迁地保护方法所必须克服的技术难题和潜在风险。

(6) 从种子再生为植株简单而方便

DNA 库保存的是植物部分或全部的遗传信息，目前从这些遗传片段再生为植株基本不可能。将离体培养的外植体培养为室外栽种的植株，则需使用激素，并需进行炼苗处理，操作复杂，且易变异。而从种子直接长成植株简单易行，且成本较低，便于人们今后对它的研究和利用。

图3-4　中国西南野生生物种质资源库之离体库培养间

通过种子库来保存植物多样性在资金投入、保存时间和保存效率方面都远远高于就地保护和其他迁地保护方法，因此其越来越多地得到科学家、政府部门和社会组织的认可。自20世纪20年代以来，各国纷纷建立自己的种子库，抢救性地对本国的植物资源进行收集和保护，至今全世界已建成的种子（质）库达1750座。

② 世界上著名的种子方舟

图3-5　尼可莱·瓦维洛夫

20世纪20年代，苏联植物育种学家和遗传学家尼可莱·瓦维洛夫（Nikolay Vavilov，1887—1943）意识到作物野生近缘种将在未来农业发展中发挥重要作用，于是率队从全球50多个国家和地区收集了25万份作物及其近缘植物的标本和种子，并建起

图3-6 种子方舟

了世界上第一座种子库，拉开了世界各国通过种子库抢救性保护本国种子资源的序幕。

目前，全世界已建成的种子（质）库有1750座，共保存了740多万份种质资源，其中包括大量的珍稀濒危植物、地区特有植物、重要经济植物、重要农作物和重要农作物野生近缘种种子。它们减缓了植物灭绝的脚步，为人类未来的可持续发展赢得了机会。未来通过利用这些资源，人们将能进行新作物的筛选和作物的改良，并对已破坏的环境进行恢复，对在野外出现濒危状况的物种进行扩繁，从而解决人类目前所面临的一系列粮食问题、能源问题、疾病问题、贫困问题和环境问题。或许有一天，地球将不再适宜人类居住，而人类也不得不迁移到其他星球，这时，种子将是人类重获新生的希望。这些种子库不正是一艘艘充满希望和生机的“种子方舟”吗？

根据保存种子的类别，种子库大体可分为两类：农作物种子库和野生植物种子库。目前人类精心打造了1750艘“种子方舟”，在世界五大洲均有分布，其中最著名的当属瓦维洛夫种子库、美国国家遗传资源保存中心、中国国家作物种质库、斯瓦尔巴德全球种子库、英国千年种子库和中国西南野生生物种质资源库。

（1）世界上最早的“种子方舟”——瓦维洛夫种子库

20世纪20年代，自幼生活在粮食短缺状况下的著名遗传学家和植物育种家尼可莱·瓦维洛夫开始在全球范围内考察并收集各种不同的农作物种子，希望通过自己的努力，解决苏联乃至全世界的粮食问题。他踏遍世界五大洲，收集了许多农作物的野生近缘种及一些不知名的可食用植物种子，最终在列宁格勒（今圣彼得堡）建立起了世界上第一座种子库。

列宁格勒曾经历过“二战”炮火的洗礼，列宁格勒保卫战是近代历史上攻击时间最长、破坏性最强、死亡人数第二多的包围战，幸运的是瓦维洛夫所建的种子库在该次战争中幸免于难，没有遭到摧毁。在此期间，数名植物学家宁愿饿死，也舍不得吃库里保存的作物种子，才使它们能够幸存至今。目前该库已保存世界上304科2539个品种37万份作物及其野生近缘种种子。

（2）美洲最大的“种子方舟”——美国国家遗传资源保存中心

位于美国科罗拉多州科林斯堡市的美国国家遗传资源保存中心建于1958年，其目的是保障美国的生物多样性安全，促进美国农业经济的可持续发展。至2010年，美国国家遗传资源保存中心已成功保存动植物和微生物资源51万多份，其中主要为种子，还包括离体或组织培养材料。种子的保存方法为－196℃的液氮保存和－18℃低温冷库保存。美国国家遗传资源保存中心以其丰富的动物、植物和微生物资源保存而闻名于世。

（3）中国农作物“种子方舟”——中国国家作物种质库

中国国家作物种质库于1986年10月在中国农业科学院落成，总建筑面积为3200平方米，由试验区、种子入库前处理操作区、贮藏区三个部分组成。贮藏区建有两个长期贮藏冷库，总面积为300平方米，温度常年控制在－18℃±1℃，相对湿度控制在50%以下。中国国家作物种质库主要负责我国作物种质资源的长期保存、分发和研究，以及相关信息的收集和共享。目前该库已保存了国内外180多种40多万份农作物种质资源，及200多种39万份

图3-7　中国国家作物种质库外景

200GB的作物种质基础信息，是目前世界上第二大的农作物种质库。随着其二期扩建项目的推进，其库容量和种质保藏量将有望成为世界第一。

图3-8　中国国家作物种质库的冷库

(4) 北极附近的“种子方舟”——斯瓦尔巴德全球种子库

图3-9 斯瓦尔巴德全球种子库外景

建成于2008年2月的斯瓦尔巴德全球种子库位于距离北极点约1300千米的斯瓦尔巴德群岛之斯匹次卑尔根岛上，藏于常年冰雪覆盖的一座永久冰山山体之内。其占地面积约1000平方米，包括约100米长的坚固隧道和3个贮藏室，每个贮藏室能够存储150万份种子样品，每个样品约500粒种子。其目的是为全球1750座种子（质）库和相关贮存机构的农作物种子提供备份保存，防止这些种子库因战争、自然灾害等原因而使其保存的种子资源彻底丧失。至2015年初，斯瓦尔巴德全球种子库已保存

图3-10 斯瓦尔巴德全球种子库的冷库

了来自美国、墨西哥、加拿大、菲律宾、肯尼亚等100多个国家的小麦、玉米等农作物种子4000种84万份。

(5) 世界上最大的野生植物“种子方舟”——英国千年种子库

英国皇家植物园丘园是世界上最早从事野生植物种子资源保存的机构。丘园种子库建于1974年，1997年进行扩建后正式定名为“千年种子库”(The Millennium Seed Bank，简称MSB)。千年种子库是集种子收集、处理、保存、研究、培训、展示、国际交流为一体的综合性大型种子库。它坐落于伦敦附近的西萨克斯郡，建设总投资为8000万英镑，一期目标是在2009年前收集和保存英国本土自然生长的全部1440种植物种子，并保存全球10%的有花植物种子（2.42万种植物种子），成为世界上最大的野生植物种子库；二期目标是在2020年前收集和保存全球25%的野生植物种子。至2014年11月，千年种子库里已保存了来自世界上50多个国家的332科35039种72188份野生植物种子，其中濒危植物为4666种。

图3-11　英国千年种子库外景

传说中，“诺亚方舟”留存的生物种子使地球上的生命得以延续和繁衍，目前全世界1750座种子（质）库中保存的740多万份（含复份）植物种子资源也是人类为未来存下的生命火种，它们将帮助人类创造更加辉煌的未来。

第四章 中国野生植物种子方舟的诞生和发展

在美丽的彩云之南——云南，有一艘载满中国野生植物种子的“诺亚方舟”。它，就是中国西南野生生物种质资源库之种子库，它承担着保护我国植物多样性的重任。

云南的气候类型多样，地形复杂，孕育了丰富的植物资源，被称为“植物王国”。

① 中国有多少种植物

中国地域辽阔，气候、地形复杂多样，孕育了极其丰富的植物资源。据《中国植物志》记载，中国拥有维管植物301科3408属31142种，约占世界总种数的10%。但这并不是中国全部的植物物种，因为尚有许多分布于人迹罕至地方的植物物种，人们还未进行过研究，甚至尚未给它取一个合适的名字。

中国植物区系的特有程度较高，其中特有种就占到总种数的50%—60%，包括大量起源古老、成分复杂的珍稀孑遗物种，如有植物“活化石”之称的水杉、银杏、银杉、珙桐等。

中国还是世界三大栽培植物起源中心之一，水稻、大豆、高粱、黄麻等多种作物均起源于中国。因此中国的栽培植物野生近缘种资源非常丰富，有利于进行新作物的筛选和作物的育种改良。

此外，中国还拥有丰富的野生园艺植物资源，是许多园林植物的世界分布中心和起源中心，曾被英国著名采集家威尔逊誉为“园林之母”。据统计，英国从中国引种的园林植物就达2000多种，德国现有园林植物的50%和荷兰现有园林植物的40%也来源于中国。

中国丰富多样的植物资源和重要价值使其在全球植物多样性保护中占有举足轻重的地位。

② 中国植物今日之痛

在全球生态破坏日益严重，生物多样性快速丧失的大背景下，中国也面临压力。中国虽然具有丰富的植物资源，但同时中国也是目前世界上人口最多的国家，且30多年来经济一直以惊人的速度在快速发展着。巨大的人口压力、高速发展的经济导致了对资源的需求日益增加，为了眼前的利益，人们采取了一些急功近利的做法，如毁林开荒、过度采伐和放牧等，对生态造成了极大破坏，给中国的植物多样性带来了严重威胁。目前中国高等植物中濒危和受威胁的种类已高达4000—5000种，约占总种数的15%—20%。近50年来就有约200种植物从我们眼前灭绝了，我国生物多样性保护形势极其严峻。此外，据报道，自1985年以来，我国连续出现大范围暖冬；降水自20世纪50年代以来逐渐减少，华北地区出现了暖干化趋势；今后中国的气候还将继续变暖，到2020—2030年，全国平均气温将上升1.7℃，到2050年将上升2.2℃，这对中国的植物来说，无疑是雪上加霜。

中国植物多样性的丧失不仅会使我国人民的生存环境变得恶劣，还关系到我国人民的生存繁衍、国防安全和未来发展。粮食

图4-1 过度垦荒

是人类生存的必需品，粮食生产一直是一个国家发展的头等大事。中国拥有13亿多人口，而耕地面积却只有1.35亿公顷，也就是说中国要以全世界10%的耕地来养活世界上约20%的人口，而耕地面积未来不可能再大幅增长，人口却还在不断攀升。怎样才能突破我国三大粮食作物的框架，挖掘出更多的粮食作物种类，通过育种提高现有作物产量，满足人们对粮食的需求呢？答案就在作物野生近缘种身上。野生植物在数百万年的进化过程中，积累了各种不同的遗传变异，蕴藏着许多栽培作物所不具备的优良基因，如抗病虫性、抗逆性、优良品质、细胞雄性不育及丰产性等，是非常好的育种材料。通过杂交，人们就能把野生近缘种中的优良基因转移到栽培种中，从而提高作物的产量，增强其抗病和抗虫能力，以及承受气候变化的能力，并增加其产量、风味、

图4-2　过度放牧导致草场退化

图4-3　森林遭到砍伐

营养价值等，满足人们的需求。被誉为“杂交水稻之父”的袁隆平就是利用在海南发现的一株普通野生稻雄性不育株，成功培育出了杂交水稻，使水稻产量增加近20%。而目前随着杂交水稻的大面积推广，以及我国耕地面积的不断扩大，野生稻正面临生境丧失的危险。中国植物学会理事长洪德元院士20世纪80年代和90年代曾对云南野生稻的分布地进行过考察，他发现云南野生稻分布地在20世纪80年代时有26个，至1995年就只剩下2个，消失率高达92.3%。如果野生稻灭绝了，就不是一个物种消失那么简单的事情，它关系到我国和其他以水稻作为主食的国家人民的生存和发展，是关系到人类粮食安全的问题。

在人类历史上曾发生过多次由于遗传基础狭窄而引起的粮食安全事件，最著名的当属19世纪40年代爱尔兰的马铃薯饥荒。19

图4-4 丽江杓兰

丽江杓兰（*Cypripedium lichiangense*）具有较高观赏价值，由于采挖过度，目前其野生居群已很难找到。

世纪，欧洲栽种的马铃薯品种全都来自于最初引进的两个无性系，由于遗传基础较为狭窄，因此当马铃薯晚疫病病原菌发作时，造成了整个爱尔兰马铃薯晚疫病的大流行，使爱尔兰整个马铃薯产业在很短时间内就遭到毁灭性打击，数百万人因饥荒而流落他乡。中华猕猴桃原产中国，但新西兰却利用它培育出了目前主导国际猕猴桃市场的巨大产业。这些事实说明，“一个基因可以影响一个国家的兴衰，一个物种可以左右一个地区的经济命脉”。

图4-5 南方红豆杉

南方红豆杉因具有抗癌功效惨遭剥皮和砍伐。

种质资源是一个国家的战略资源和核心竞争力，随着现代生物技术的发展，各国的生物产业竞争聚焦到了种业竞争，并演变成一场不见硝烟的战争。在科技特别是生物科技迅猛发展的时代，具有自主知识产权的生物科技产业的发展将是21世纪综合国力的重要体现。在未来，谁掌握了大量的种质资源，谁研究得越深入，利用越多，谁就能把握未来。面对21世纪世界经济发展的机遇和挑战，以现代生物技术为基础的生物资源开发将是中国未来面对全球生物资源竞争的一个战略重点。在环境恶化形势严峻、生物多样性锐减的今天，如果我们再不抢救性地把我国的野生生物种质资源收集并妥善保存起来，那么我们下一步将怎样与欧美等资源强国竞争，我们的子孙后代将靠什么在地球上立足呢？

③ 保护植物多样性——中国在行动

为加强野生植物的管理和保护，我国制定了一系列野生植物保护法律法规。1996年9月30日，国务院颁布了《中华人民共和国野生植物保护条例》，1999年发布了《国家重点保护野生植物名录（第一批）》，2003年《中华人民共和国刑法》第三百四十四条规定了“非法采伐、毁坏国家重点保护植物罪”“非法收购、运输、加工、出售国家重点保护植物、国家重点保护植物制品罪”等罪名。2012年，针对我国资源约束趋紧、环境污染严重、生态系统退化的严峻形势，我国战略性地提出要把生态文明建设放在突出地位，指出建设生态文明是关系人民福祉、关乎民族未来的长远大计，把生态文明建设和植物保护提到了前所未有的高度，这将进一步推进我国的植物多样性保护行动，构筑我国生态安全屏障。

在具体行动方面，我国自20世纪70年代末80年代初以来，就投入大量的人力和财力建立了多个自然保护区、森林公园和植物园等来保护我国的植物多样性。至2010年底，我国已在生物多样性关键地区和重要生态区域建立了各型自然保护区2588个，总面积达14944万公顷；建立森林公园1928处，总面积达1513万公顷；建立植物园160多处，其中仅10个主要植物园就保存了我国2万多种（约60%）植物，这些保护行动较好地保护了我国的植物多样性。

但上述受保护的植物全都生长于室外，很可能由于自然界不可抗拒的原因（如洪水、山火、泥石流等）和人为灾害（如盗伐、火灾等）而毁于一旦。另据气候资料分析，近百年来我国气候不断变暖，平均气温已上升0.4℃—0.5℃，未来还将继续变暖，这将导致一些原来适合植物生长的区域变得不再适合植物生长，我国的植物安全面临着严峻挑战。

④ 吴征镒院士与中国野生植物种子方舟

吴征镒1916年6月13日出生于江西九江，1937年毕业于清华大学，是国际著名的植物学家、中国科学院院士、国家最高科学技术奖获得者。

图4-6 吴征镒

吴征镒拥有超强的记忆力以及渊博的植物学知识，可以尽数中国每一种植物的拉丁学名以及它们的科、属、种、地理分布等，被中外同行誉为“中国植物活辞典”“植物电脑”。

吴征镒从事植物学研究和教学70余年，足迹遍及我国各崇山峻岭及世界四大洲，对我国和世界的植被类型和植物区系有着深入研究。他一生中定名或参与定名的植物达94科1766种，是中国植物学家中发现和命名植物最多的一位。他与胡先骕、秦仁昌等一起改变了中国植物主要由国外学者命名的历史。他系统、全面地回答了中国现有植物的种类和分布问题，摸清了中国植物资源的基本家底，提出了中国植物区系的热带起源和被子植物“八纲系统”的新观点，创立了被子植物“多系、多期、多域”起源理论，形成了独创的区系地理研究方法和学术思想。他修订了世界陆地植物分区高级阶元，为我国和世界植物资源保护和国土整治提供了科学依据。他多次参加并领导植物资源重大考察，与其他科学家一道解决了我国橡胶种植的关键技术难题，缓解了我国橡胶这一战略资源短缺的状况。他推动了我国植物资源的寻找、开发利用以及引种驯化等工作。他早期提出的建立自然保护区建议为我国生物多样性的保护和资源的可持续利用做出了前瞻性部署。他主持编撰了《中国植物志》（中英文版）和《西藏植物志》《云南植物志》《中国植被》等30余部专著，发表论文150余篇。他耄耋之年仍不断著书立说，与诸弟子合作完成了《中国被子植物科属综论》《中国植物志（总论）》《种子植物分布区类型及其起源与演化》等著作。他是我国植物分类学、植物系统学、植物区系地理学、植物多样性保护以及植物资源研究的泰斗，为中国现代植物学的发展、中国植物学

图4-7 吴征镒在忘我工作

“为学无他，争千秋勿争一日”，这是吴征镒一生的座右铭，也是他常教导学生的话。

走向世界做出了开拓性、基础性、前瞻性的突出贡献，并为国家培养了一大批植物学家和学科带头人。

1999年8月8日，身为中国科学院昆明植物研究所名誉所长的吴征镒已83岁高龄，许多与他同龄的人早已开始颐养天年。看到我国野生生物正以惊人的速度在消亡，而现有保护措施仍存在巨大漏洞，他再也坐不住了，提笔给时任国务院总理朱镕基写了一封信，信中详细阐述了在我国生物多样性最为丰富的云南建设一个野生生物种质库（以种子库为核心）的紧迫性和必要性，并指出“这是中国生物技术产业全球竞争的战略重点，是国家利益所在，这个重要的事情不能再拖延下去了”。这封信得到了朱镕基的高度重视，他于1999年8月15日作出批示，支持吴征镒的提议，并委托国家发展改革委员会进行调研和论证，从而促成了中国西南野生生物种质资源库的诞生。

为保证我国这一重大设施建成后能真正发挥保护我国野生植物多样性的重要作用，项目审批方和建设方对中国西南野生生物种质资源库（以下简称“种质库”）项目进行了不断的论证和研讨。吴征镒年轻时就以“少年老成，性子稳重”而出名，被同事们戏称为“吴老爷”。但当他看到总理批复后两年多了，种质库项目还在研讨，未进入建设阶段时，他一改常态发了急，见到领导与负责该项目的李德铢和龙春林两位研究员，就忍不住催促“认识到了，有科学依据，就要赶快做，我们国家的植物等不起呀”。2001年论证项目时，已85岁高龄的吴征镒担心会出什么纰漏，硬是坐着轮椅和

图4-8 2007年，中国西南野生生物种质资源库大楼胜利建成，吴征镒坐着轮椅出席竣工典礼

李、龙两人一起到科技部进行答辩，将项目又向前推进了一步。

2004年，种质库开建了，吴征镒尽管腿脚已不方便，但仍然高兴地拄着拐杖出席了奠基仪式，并为种质库的开工建设铲下了第一铲土。后来一有空，他就让家人推着轮椅到种质库工地周围转转，关注它的进展情况。看着种质库大楼一天天盖起来，吴征镒心里甭提有多高兴了。2007年2月8日，种质库主体工程终于建成，并于4月29日举行了盛大的剪彩及揭牌仪式，吴征镒高兴地坐着轮椅出席了该仪式，他为种质库基建悬着的一颗心终于放下了。他叮嘱负责项目的李德铢："要加快从国内外引进相关专业人才。""要让这一功在桑梓的大业真正能造福桑梓；要面向全国，甚至全世界，造福人类。"

⑤ 为什么将中国野生植物种子方舟建在云南

中国西南山地西起藏东南，横穿川西地区，向南延伸至云南北部和中部。这里气候类型多样，地形复杂，孕育了丰富的植物资源。这里有16201种高等植物物种，其中48%为中国特有植物，而且29%为该地区所特有，是誉满全球的“植物王国”。同时它也是全球34个生物多样性最丰富，但受威胁最严重的地区之一，因此这里宝贵的植物资源亟待保护。保护好云南及周边地区、青藏高原的生物种质资源，是我国植物多样性保护事业的重中之重。

另外，这里生活着二十多个少数民族，占云南总人口的三分之一，不少少数民族具有丰富的植物利用知识。但这些知识通常是以“言传身教”的方式进行传承的，受经济全球化和现代化的冲击，许多知识目前正面临失传的危险。因此，在收集、保护植物资源的同时，人们还可以通过调查对这些传统植物利用知识进行抢救性收集和保护。

图4-9　云南复杂多样的生态环境

坐落于云南省昆明市的中国科学院昆明植物研究所成立于1938年，以“原本山川，极命草木”为所训，旨在认识植物、利用植物、造福人类。经过70多年的发展，中国科学院昆明植物研究所已积累了丰富的植物研究经验，拥有先进的试验设备和平台，以及一大批经验丰富、技术精湛的科研人员，产出了众多重大科研成果，成为我国生命科学、生物产业、生物多样性保护与

图4-10 中国科学院昆明植物研究所

可持续发展的重要机构。将中国西南野生生物种质资源库建在昆明植物研究所内，将能得到研究所强大的人力、物力和技术支持。

考虑到云南的区位优势及昆明植物研究所具有的丰富植物研究底蕴和经验，吴征镒将种质库建在昆明植物研究所内的建议得到了广泛的支持。在云南建设中国西南野生生物种质资源库，是我国实施生物多样性保护和可持续发展战略的一项重大举措，是国家利益所在，它将促进我国生物技术产业的发展，增强我国未来在资源方面的国际竞争力，确保我国种质资源的安全，具有重大的科学价值和战略意义。

扫码看视频

⑥ 艰难的建设历程

(1) 长达五年的蓝图规划

2003年8月28日，项目管理委员会和项目工程指挥部正式成立，中国科学院副院长陈宜瑜院士亲自挂帅任项目管理委员会主任，从英国学成归来的中国科学院昆明植物研究所（以下简称“昆植所”）副所长李德铢研究员任总经理，富有多年基建管理经验的昆植所办公室主任甘烦远任副总经理，富有项目申请和运行管理经验的昆植所龙春林研究员任总工程师，从英国千年种子库毕业的种子生物学博士杨湘云任总工艺师，昆植所财务处处长胡斌任总经济师，此外还有云南省政府的钱恒义、省科技厅的李村生、省发展计划委员会的吴凡、省财政厅的杨守修、省国土资源厅的余蕴祥，以及中国科学院综合计划局的李志刚、院基本建设局的邢淑英、院生命科学与生物技术局的康乐，中国科学院昆明分院的张壮鑫等一大批来自不同单位的专家和骨干，为国家这一重大科学工程聚到了一起，组建起一支精干的工作团队。

为了拿出优秀的规划方案，使国家投资的这一大笔钱能真正

发挥作用，使我国的生物种质资源能得到长期而有效的保存，具体负责种质库建设任务的李德铢研究员费尽心思。他先将国内外种质保存情况悉数进行了研究，并对几大知名种质库进行了详细的了解和实地考察，然后才带领项目组成员着手编撰项目建议书，以及可行性研究报告和项目施工方案。不断地论证、修改完善，这一蓝图的绘制竟花去了他5年的时间。国家发展改革委员会的评审专家们可能都不知道，评审时他们手上拿着的厚厚一摞可行性研究报告，是工作组成员修改了20多次才定稿的。

2004年，中国西南野生生物种质资源库项目获得了国家发展改革委员会的立项，并确定项目总建设经费为1.48亿元；由中国科学院和云南省联合共建；保存模式为“五库一体”，即以种子库为核心库，兼具植物离体库、植物DNA库、动物库和微生物库；目标是全面、有效地保存我国重要的野生生物种质资源。整个项目的建设期为5年，采取“边建设边运行”的模式。其第一阶段目标是在2009年底完成基建工程，同时采集和保藏我国野生生物种质资源6450种66500份（株），其中种子为4000种30000份；第二阶段目标是15年后，即2020年，采集和保藏我国野生生物种质资源1.9万种19万份，其中种子为1万种10万份；最终目标是建成国际上有重要影响、亚洲一流的野生生物种质资源保存设施和科学体系，使我国的生物战略资源得到保障，为我国生物技术产业的发展和生命科学的研究源源不断地提供所需种质资源材料及相关信息和人才，促进我国生物技术产业和社会经济的可持续发展，为我国切实履行国际公约、实现生物多样性的有效保护和实施可持续发展战略奠定物质基础。

(2) 三年紧张的基础设施建设

从中国西南野生生物种质资源库的建设目标可以看出，其建设工作任重而道远，可工作组刚一起步，就遇到了难题。在可行性研究报告中，项目组预计的经费是11.38亿元，可批复下来的经费却只有1.48亿元，仅用预算13%的钱来建设这么庞大复杂的工程，能建成吗？这无疑给项目组提出了一个难题。如何才能在有限的经费条件下，把种质库项目做好呢？项目组成员为此召开了数次专题讨论会，对每一块工作进行了重新审议和布置。他们认为种质库项目是功在千秋的事业，无论如何都要保证质量，把每一分钱花在刀刃上，同时明确了定期核算、加强财务审核的制度。

接下来就是基础设施的工程建设。经过公开招投标和多方考察，中国西南野生生物种质资源库项目最终由云南工程建设总承包公司负责建设。2004年11月29日，中国西南野生生物种质资源库在建设场地上举行了隆重的奠基仪式；2005年3月19日，其7463平方米的主体工程破土动工，进入了实质性建设阶段。经过

图4-11 中国西南野生生物种质资源库奠基仪式

图4-12　平地起高楼，蓝图变现实

近三年紧锣密鼓的建设，2007年2月8日，中国西南野生生物种质资源库主体工程顺利竣工验收，并举行了隆重的庆祝仪式。

望着巍然屹立的大楼，工作组成员心里百感交集、心潮澎湃，为了这一天，他们付出了多少艰辛和努力啊！工作组成员几乎把整个昆明都跑遍了，并经过长时间的层层沟通，才争取到了现在的地块来建库。在基础设施建设过程中，通宵工作更是家常便饭。

建设过程也并非一帆风顺，种子库最核心的冷库、干燥间建材和设备买自英国的Trident公司（Trident Refrigeration Ltd.），并由其负责安装和调试。2007年，一块块搭建冷库用的环氧树脂泡沫彩钢板经过两个多月的海运终于来到了昆明，项目组成员高兴不已，心想：这下从野外辛苦采集回来的种子终于有家了！但验货时总工艺师杨湘云却发现，少了一些部件，而且国内买不到。这可把她急坏了，一连两星期都吃不好饭，经过不断与外方协商，这事才得到及时、妥善的处理。

尽管条件比较艰辛，过程比较曲折，但项目组成员怀着对国家种质资源安全负责、对科学负责的高度责任感和巨大使命感，义无反顾地投身到这场意义重大的建设中，并为此殚精竭虑。

（3）队伍建设

大楼盖起来了，接下来就是怎样使种子库正常运行。种子库的正常运行离不开一支稳定而技术过硬的种子保藏队伍。为使种子采集、保存工作能尽快有序开展起来，2005年种子库面向全国公开招聘了第一批种子采集和管理人员，他们是种子采集员张挺、种子管理员杜燕和李爱花、仪器管理员郭云刚、数据管理员杨茜5人。为使他们能尽快上手，并有一个高的起点，种子库将他们送到英国千年种子库进行专业培训，全方位学习千年种子库先进的种子采集和保藏技术。经过两个月的刻苦学习，他们带着先进的种子管理理念和专业技术回到了种子库，并根据自身库的特

图4-13 种子库工作人员

点，开始着手建设中国的“种子方舟”。经过八年的努力，他们建起了一个富有中国特色的野生植物种子采集、保存管理平台和一个强大而先进的数据管理系统；构建了中国野生植物种子采集和管理核心技术体系，制定了与之相关的十多个标准规范；并建成了一张遍及全国的种子采集网络，从而使种子库的采集和保藏工作全面、规范地开展起来，为种子库发展成为今日国内外种子保藏工作的排头兵做出了重要贡献。随着保藏工作的不断深入，种子库的保藏队伍不断扩大，通过手把手教和传带帮、送出去与请进来的方式，他们建立了一支26人的专业保藏队伍，他们是我国宝贵野生植物种子资源的守护者，肩上担负着保护我国生物战略资源的重任，他们将努力为祖国的种子保藏事业奉献自己的青春和热血。

(4) 飞速发展的八年

“中国速度”是一个经济学用语，指中国仅用十年时间就完成了GDP翻两番的目标，这在世界上是绝无仅有的，因此被称作

"中国速度"。在种子库建设方面，中国西南野生生物种质资源库之种子库也创造了一个"中国速度"。种子库人仅用八年时间，就在藏量上追平了有着40多年历史、目前世界上野生植物种子藏量最大的英国千年种子库。现中国野生植物种子方舟内保藏的种子份数已达67869份（截至2015年底），占我国种子植物种类的31%，其中包括大量珍稀、濒危和有重要经济价值的植物种子。在工作效率方面，种子库最多的一年共采集了8232号14000份种子、5503号16482份标本、2917号4871份DNA材料和5101号纸质数据表，处理并入库了23063份种子，这些数据让国外同行惊叹不已。

经过五年的蓝图设计、三年的基础设施建设和八年的快速发展，中国西南野生生物种质资源库之种子库这座系统、完备的现代"诺亚方舟"终于打造成型。它正鼓起风帆，全速向着目标驶去。种子库人坚信，纵有狂风暴雨、巨浪洪波，这艘超级航母都将安然矗立、永不沉没！

中国野生植物种子方舟是怎样运行的呢？让我们走近它，详细了解种子采集的方法和技巧，以及种子管理员是怎样来保藏种子的。

温度保持在－20℃时，种子的寿命将得到极大延长。

扫码看视频

① 宏伟的外形、复杂而有序的内部构造

中国西南野生生物种质资源库位于距离昆明市中心10千米的北郊元宝山东南角，它依山而建，占地面积约83亩。主体建筑7463平方米，它自西向东分为两台，错一层，呈“品”字形。

中国野生植物种子方舟——中国西南野生生物种质资源库之种子库就位于“品”字形建筑的左侧，共四层，建筑面积约1600平方米。沿着种质库28级台阶拾级而上，就来到了种质库宽敞的大厅。在大厅的中央摆放着倡议者吴征镒院士的铜像，铜像后面是一面贴满奇特种子照片的灰黄色背景墙，上面有世界上最大的植物种子（海椰子种子）和昆明植物研究所所徽植物（星叶草种子）等照片。

从大厅向右转，通过约20米长的通道，就来到了种子库二楼的种子管理实验室，种子处理工作就是从这里正式开始的。为保

图5-1 中国西南野生生物种质资源库鸟瞰图

图5-2 中国西南野生生物种质资源库大厅

证野外采集回来的种子具有较长贮藏寿命，每一份种子在种子库内通常要经过十三个环节的处理。其中种子的接收登记、计数和萌发实验就在此实验室开展。穿过种子管理实验室，拾级而上，便来到三楼的种子生理学实验室，有关种子贮藏特性和寿命的研究、种子在贮藏过程中的生理生化变化和老化劣变规律的研究、种子在萌发过程中的生理生化变化规律的研究等就在此实验室进行。沿阶而下，则来到一楼的种子清理室，野外采集回来的一袋袋果实、果序，甚至草本植株，就在这里变成了一粒粒干净而饱满的种子。在种子清理室的对面，是与种子形态结构拍摄有关的X光室和种子显微摄影室。再往里走，左边是为整个种子库提供动力的机房，右边则是对野外采集回来的种子进行干燥处理的初干燥间。沿着清理室门口的楼梯而下，就来到了深埋于地下6米、位于山腹中的冷库和主干燥间门口。打开厚重的灰白色大门，人们马上可以感受到一股扑面而来的冷气。再经过一个小小的缓冲间，

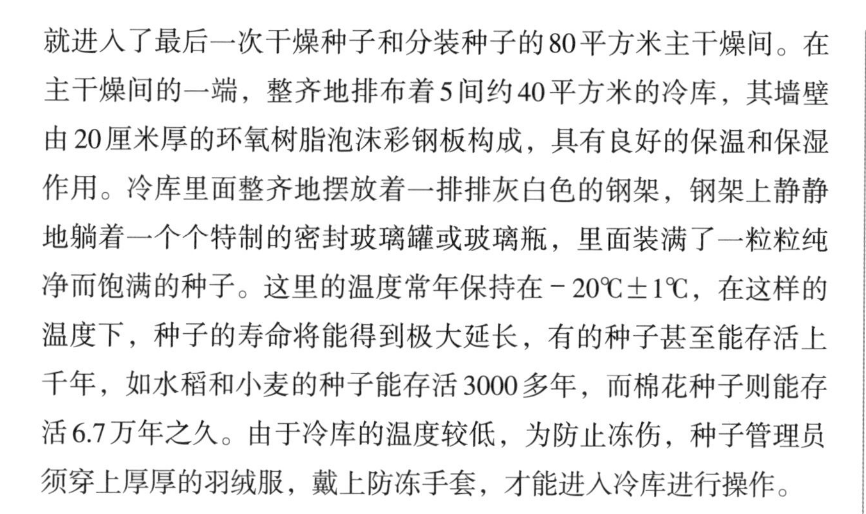

就进入了最后一次干燥种子和分装种子的80平方米主干燥间。在主干燥间的一端，整齐地排布着5间约40平方米的冷库，其墙壁由20厘米厚的环氧树脂泡沫彩钢板构成，具有良好的保温和保湿作用。冷库里面整齐地摆放着一排排灰白色的钢架，钢架上静静地躺着一个个特制的密封玻璃罐或玻璃瓶，里面装满了一粒粒纯净而饱满的种子。这里的温度常年保持在－20℃±1℃，在这样的温度下，种子的寿命将能得到极大延长，有的种子甚至能存活上千年，如水稻和小麦的种子能存活3000多年，而棉花种子则能存活6.7万年之久。由于冷库的温度较低，为防止冻伤，种子管理员须穿上厚厚的羽绒服，戴上防冻手套，才能进入冷库进行操作。

② 较高的安全指数

为保证库内这些宝贵的野生植物种子资源的安全，中国西南野生生物种质资源库之种子库采取了一系列严密的安保措施。

（1）种子库所在的元宝山海拔较高，为1958米，即使未来全球气候持续变暖，上涨的海平面也不会将它淹没。

（2）种子库位于元宝山的山腹中，能抵挡住一般炮火的轰击，可以保证战争中它的临时安全。

（3）其内部构造坚固而牢实，能抵抗8级地震造成的破坏。

（4）在电力供应方面，种子库使用的是双回路供电，一条电路断电后，会自动切换到另一条回路继续供电；如果两条电路都断电了，备用的柴油发电机将在45秒内自动启动，继续供电。

（5）核心的冷藏和干燥设备由英国三大制冷公司之一的Trident公司进行设计、制造和安装，具有稳定、节能、安全的特点。

（6）进入冷库必须经过一条密布监控探头的通道，且必须穿过三道大门，而这些门的钥匙只掌握在两个人手中，以确保安全。

图5-3　为种子库提供干燥和制冷的复杂智能程序机组

这些安保措施使中国西南野生生物种质资源库之种子库成为世界上最先进的种子保藏设施之一，且是第二个真正做到使用国际公认保存标准进行种子保藏的种子库。

③ 艰苦的野外采集

采集是种子保藏和利用的前提。野生植物大多生长于远离人类的高山峡谷，或人烟稀少的荒郊野外，要想对我国野生植物种子资源进行安全贮藏，首先必须将它们从野外采集回来。那采什么种子？什么人去采？怎么采呢？下面就让我们具体来了解一下种子的采集工作。

扫码看视频

扫码看视频

（1）采集什么种子

采集者到野外后，是不是见到任何一种野生植物种子都可以把它采集回库呢？答案是否定的。由于种子库的冷库空间有限，因此只有一些具有重要价值的植物种子才具有“入住”资格。“3E”植物种子，即珍稀濒危种（endangered）、特有种（endemic）和具有重要经济价值的（economically important）植物种子具有优先“入住”权，如国家Ⅰ级、Ⅱ级珍稀濒危植物喜马拉雅红豆杉、巧家五针松、弥勒苣苔、金铁锁等，以及许多地区特有物种，如珙桐、云南金钱槭、云南双盾木、伯乐树、滇桐等都是种子库优先采集和保存的对象。

图5-4　中国西南野生生物种质资源库之种子库已保护的一些珍稀濒危和特有植物

（2）谁去采

在中国西南野生生物种质资源库之种子库里活跃着一支平均年龄30多岁的四人种子采集队伍，他们有着专业的植物分类学知识、健壮的身体和满腔的热情，以采集种子为己任，被人们称为“种子猎人”。他们一共只有4个人8双手，怎样才能在短时间内将我国1万种10万份的植物种子采集回库呢？原来，除了日常的采集工作，“种子猎人”们还有一项重要工作内容，那就是协调全国各采集合作单位的种子采集工作。通过与全国85个（所）研究所、高校、保护区合作，他们建起了一个以植物多样性最为丰富的云南为核心、辐射全国的采集网络，这极大地提高了种子采集的速度，最多的一年，该网络竟采到了14000多份种子及相关材料，创造了世界各大种子库种子采集的最高纪录。

扫码看视频

（3）怎样采集野生植物种子

种子植物的生活习性各不相同，有高达150多米的杏仁桉，也有长度仅1毫米的无根萍；有寿命仅几星期的短命菊，也有寿命长达7000年的龙血树；有早春成熟的铁刀木种子、夏季成熟的桑种子，还有入冬才成熟的苦楝种子……为保证采集到的种子具有较高质量和较长贮藏寿命，种子采集员必须遵循一定的采集步骤、方法和技巧来采集种子。完整的种子采集通常包括三个步骤：

图5-5 红花栝楼的果实

栝楼（*Trichosanthes rubriflos*）种子成熟与否，可通过果皮的颜色来推测。

①采集前的调查。

- 在同一片区域，往往生长着许多外形相似但却不同的物种，因此种子采集员首先要明确采集目标，防止采混。

- 然后对目标居群的繁殖状态和大小进

图5-6　重瓣五味子

重瓣五味子（*Schisandra plena*）成熟的果实为红色，未成熟的为绿色。

图5-7　粉色的湖北花楸和红色的西南花楸果实、黄色悬钩子的黄色浆果和金银忍冬四粒一组的红色果实都已成熟，看起来是那么的诱人，它们都是鸟儿喜欢的食物

图5-8 全缘叶绿绒蒿果实

全缘叶绿绒蒿（*Meconopsis integrifolia*）的蒴果成熟时，果皮会以4—9瓣从顶端开裂至全长的三分之一。

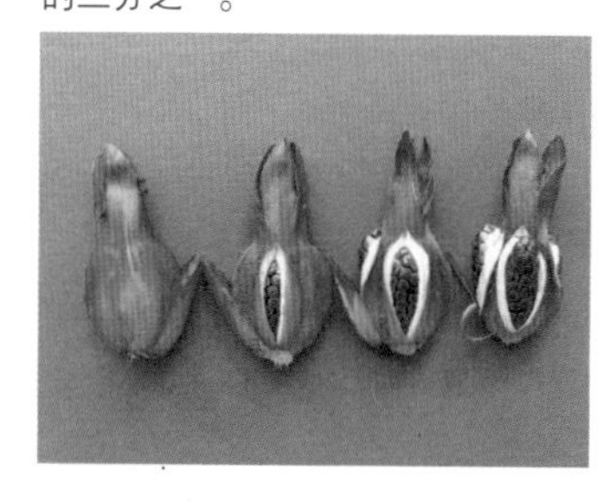

图5-9 闭鞘姜果实

闭鞘姜（*Costus speciosus*）的红色蒴果成熟后，果皮会室背开裂，露出其中众多乌黑发亮的小种子。

行评估，判断当下是不是合适的采集时机，以及能否采到足够量的种子。

- 再根据果实和种子的形态生理特征，对种子的成熟度进行评估。

种子的初始活力与种子的寿命密切相关，为了采集到高质量的种子，种子采集员必须对种子的成熟度进行判断，通常来说有以下几种快速判断方法。

◆ 根据果实的颜色变化进行判断：浆果类果实成熟时果皮颜色会由绿色变为醒目的红色、黄色、紫色等，并多能自行脱落。而干果类果实成熟时果皮颜色则会由绿色变为黄色、褐色或紫黑色。

◆ 根据果实的质地和气味变化进行判断：浆果类果实还没有发育成熟时，通常呈绿色，果肉硬而酸涩，目的是防止动物取食；而成熟后，它们就会呈现出美丽的红

图5-10 灯油藤果实

灯油藤（*Celastrus paniculatus*）的蒴果成熟时，果皮会三裂，每裂瓣内有1—2粒种子。

色、黄色或紫色等，同时果肉软化，并变得酸甜可口，以此吸引动物前来取食，从而帮助其散布种子。

◆ 根据果实开裂情况进行判断。蒴果和荚果成熟时，果皮会逐渐变干、皱缩，并沿缝线开裂。

◆ 根据果实内种子的响声进行判断。豆类种子成熟时，种皮会变得干燥而坚韧，同时内部的种子也变得干而硬，因此当摇晃果荚时，种子碰到果荚，就会发出“嗒嗒”的响声。

◆ 根据种子的硬度进行判断。一般种子成熟时，会由柔软逐渐变得干燥而硬实。

◆ 根据种皮的颜色变化进行判断。通常种子成熟时，种皮颜色会由浅变深，并具有光泽。

◆ 根据植株上出现的种子散布迹象进行判断。

● 最后随机剪切10粒种子，观察种子的成熟度、虫蛀、病菌侵染、空瘪和畸变情况，进一步评估种子质量。

②采集时的注意事项。

● 俗话说：“一母生九子，九子各不同。”为使采集到的种子尽可能代表每一个物种的遗传多样性，种子采集者需对不同地方同一种植物的不同居群进行采样，且每个居群的采样个体数不少于30—55个。另外，考虑到今后种子的保藏、研究和利用，还需争取使每

图5-11 种子成熟时，拟单性木兰的聚合果上会有部分蓇葖沿背缝开裂，露出红红的种子，以吸引鸟儿前来啄食

图5-12 种子采集员正通过剪切种子来查看种子的成熟度和饱满度

图5-13　种子采集员正在填写采集数据表

一份种子数量达到2500—10000粒（珍稀、濒危种和极小种群种除外）。

● 在争取采集较多种子的同时，还必须充分考虑到现有植物种群持续生存和发展的能力，因此需要留下总结实量的80%供其继续繁殖生长。

● 为使采集到的种子今后有一个正确的名字（中文名和拉丁名），并有助于将来这些种子的开发利用，种子采集者在采集种子的同时，还需采集相应的凭证标本和照片，记录相关信息，如采集时间、采集地信息（具体地点、经纬度、海拔等）、生境信息（具体生境、伴生物种、干扰因子、地形和土壤等）、采集信息（收获时期、收获途径、采样植株等）、标本信息和民族植物学信息等。

③采集后的处理。

为使种子能散布到更广阔的范围，该物种能不断繁衍壮大，植物在其果实或种子表面形成了多样化的构造，有的硬而多毛，或多刺，有的柔软多浆，因此需要根据果实的具体类型来采用合适的包装袋。另外，由于刚采集的果实和种子具有较高的含水量，因此在运回种子库前，这些果实和种子每天都需在背阴、通风处进行摊晾，而浆果则必须尽快清理，否则易腐烂和霉变。

④种子采集的艰辛。

截止到2015年底，中国西南野生生物种质资源库之种子库已保藏了9129种67869份野生植物种子资源，它们均是种子采集员不远万里、跋山涉水采集而来的，每一粒种子都蕴含着采集员的艰辛和汗水，背后都藏着一个鲜为人知的故事。种子采集工作对采集员来说，是对他们身体素质和毅力的挑战，有时他们甚至需冒着生命危险去完成采集任务。如为了采到雪莲等珍稀高山植物的种子，他们将不得不面对高寒缺氧的问题，爬上海拔5000多米的雪山；为了采到一份特殊的沙漠植物，他们需深入无人的沙漠腹地；有时，他们在采集途中还会遭遇蛇、蜱虫、蚂蟥等的袭击，以及泥石流等自然灾害。风餐露宿、长年奔波在外是他们的家常便饭。尽管采集工作这么艰辛，但种子采集员认为值得，“我们一定要赶在这些物种灭绝之前，采集到它们的种子，为我们的未来和子孙后代留下生命的火种”。

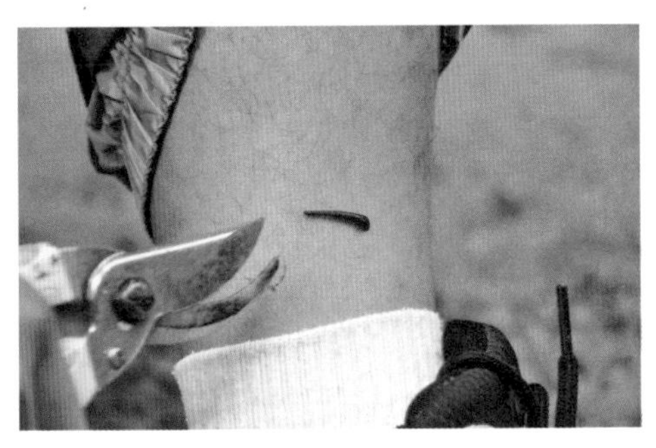

图5-14 在轿子雪山采集野八角种子时，遭遇蚂蟥袭击

图5-15 采集种子途中与蛇不期而遇

图5-16 种子采集员郭永杰在海拔4000多米的高山流石滩上采集种子

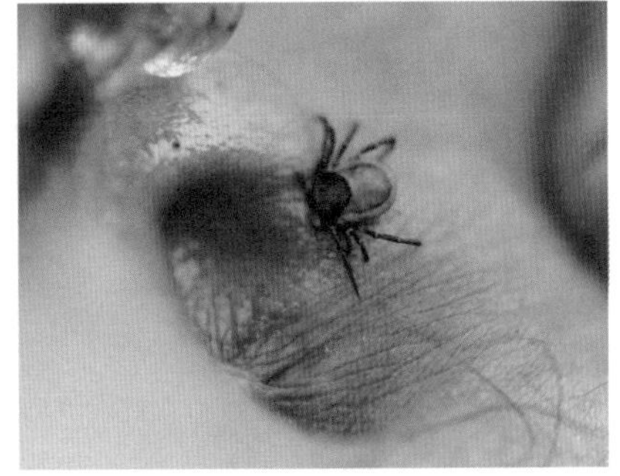

图5-17 遭遇蜱虫袭击

图5-18　种子采集员野外生活

2011年考察哈巴雪山时，采集小队在那里工作了四天，白天翻山越岭，采集种子及相关材料，晚上就挤在海拔3400米的狭小牛棚里压制标本和编号，然后到牛棚外的帐篷中睡觉。

图5-19　种子采集员张挺正借着微弱的头灯灯光翻烤标本

图5-20　采集员爬上雪山之巅采集种子

图5-21 种子采集员蔡杰正蹚过雪水融化而成的冰冷溪流，溪水几乎没至膝盖

图5-22 种子采集员刘成采集到珍稀且具有较高园艺价值的西藏虎头兰果实

图5-23 沿途迷人的风光、美味的野果就是大自然对种子采集员的犒赏

知识链接

● **蜱虫** 蜱虫常蛰伏于浅山丘陵的草丛、植物上，或寄宿于牲畜等动物的皮毛间。不吸血时，小如干瘪的绿豆，甚至细如米粒；吸饱血后，大如饱满的黄豆，大者可达指甲盖大。它叮咬人后会侵染人体末梢血中性粒细胞，引发高热，并伴白细胞、血小板减少和多脏器功能损害。蜱虫为人、家畜及野生动物的体外寄生虫，无论是幼虫、若虫、成虫均能吸血。硬蜱多在白天叮咬宿主，且吸血时间长，而软蜱多在夜间吸血，叮咬宿主吸血时间短。吸血时口器可牢牢地固定在宿主皮肤上，受惊吓时也不离去，若强行拔除，易将假头断折于皮肤内。所以，一旦发现被蜱虫叮咬，不可自行摘除，要及时去医院治疗。

④ 复杂的种子保藏过程

(1) 种子保藏的原理

温度和湿度是影响种子贮藏寿命的主要因素。温度会严重影响种子的新陈代谢速率，在一定温度范围内，升高温度，种子细胞的代谢水平会随之增高，物质和能量消耗加大，细胞老化加快；而在低温条件下，情况则相反，因此人们可通过适当降低温度来延长种子的贮藏寿命。湿度涉及种子自身的含水量（MC）和种子贮存环境的空气相对湿度（RH）。当种子自身含水量越高，呼吸作用越强，贮藏的养分分解就越快，生活力丧失也越快；而当环境空气相对湿度较高时，种子由于具有吸湿性，就会从空气中吸收多余的水分，从而导致自身含水量升高，呼吸作用加强，生活力丧失加快，因此人们可通过适当降低种子的含水量来延长其贮藏寿命。

另据哈林顿（Harrington）的研究，贮藏温度在0℃—50℃范围内，每降低5℃，种子寿命将延长一倍；种子的含水量在5%—14%范围内，每降低1%或相对湿度每降低10%，种子寿命也将延长一倍。

为保证库内的种子具有较长的贮藏寿命，中国西南野生生物种质资源库之种子库采用低温干燥法来保存种子，即先用15℃、15%RH的条件来干燥种子，再用－20℃的低温条件来贮藏种子，这样就可以使种子在此保存条件下存活几十年、几百年，甚至上千年了。

（2）复杂的种子处理流程

扫码看视频

中国西南野生生物种质资源库之种子库每年都会收到来自全国各地、各合作单位采集的成千上万份种质材料，它们不但有种子，还有与种子相对应的标本、DNA原材料、纸质数据表和照片。有时候，种子采集员采集回来的并不一定全是种子，很可能是果实、果序，甚至是植株，同时还混杂着一些沙砾和泥土。怎样将它们变成一粒粒纯净而饱满的种子呢？这就需要种子管理员来处理。在种子库内，活跃着十多名种子管理员。在他们的辛勤劳动下，采集回来的种子总能得到及时、有效的清理和检测，并安全保存到－20℃的冷库中，使其在保存几十年、几百年甚至上千年后仍具有较高的活力和种用价值。

种子处理包括十三个环节，只有上一个环节通过了，才能顺利进入下一环节。下面以一份来自青藏高原的变色锦鸡儿果实为例，让我们具体来了解一下种子的处理过程。

①第一关——签收和登记。

在采集后2—3个星期，变色锦鸡儿果实与该批同时被采集的

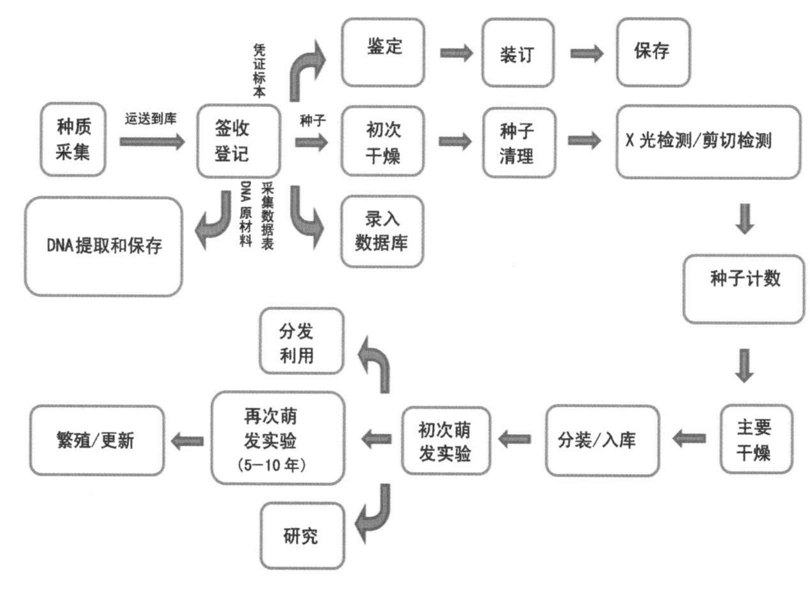

图5-24　野生植物种子管理流程图

其他果实及相关材料（与果实相对应的标本、DNA原材料、纸质数据表和照片）一起被送到了种子库。在这里，它遇到了来自全国其他84家合作单位采集的果实及相关材料——种子库最多的一年到库的种子份数竟达14000多份，它好怕自己与其他果实及相关材料弄混，从而失去入住冷库、长命百岁的机会！在种子管理员的认真整理下，它与其他果实成功分开，并取得了一个种子库专用序列号868710078426，它到来时的具体情况，如有无发霉、有无破损、用什么包装等信息也都被详细登记到了数据库中，这表明它取得了万里长征第一步的胜利。同时，与它对应的标本被派送到了昆明植物研究所标本馆，在那里标本会被分类专家鉴定、上台纸和入馆保存；DNA原材料被派送到了DNA库，在那里进行总DNA的提取和保存；纸质数据表被电子化后，与照片一块上传到昆明植物研究所的信息中心，被导入种质资源管理数据库。

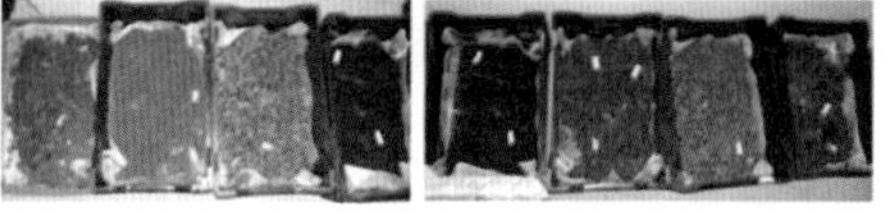

图5-25　从野外采集回来的各色种质材料

图5-26　采集到库的大量种子

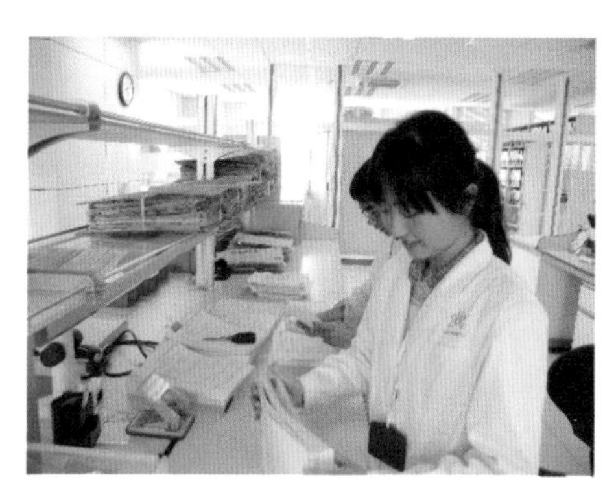

图5-27　数据管理员正在整理纸质数据表

图5-28　变色锦鸡儿的种子

②第二关——初次干燥。

登记完毕的变色锦鸡儿果实接着被放入15℃、15%相对湿度的初干燥间进行干燥。这不仅可以使种子的含水量快速下降到安全水平，防止其老化、活力水平下降、提前萌发等状况发生，还有助于下一步清理工作的开展。在这里，变色锦鸡儿果实将停留一段时间，然后进入下一关。也就是在这儿，它和少数不能忍受干燥和低温处理的种子（即顽拗型种子）说“拜拜”了。

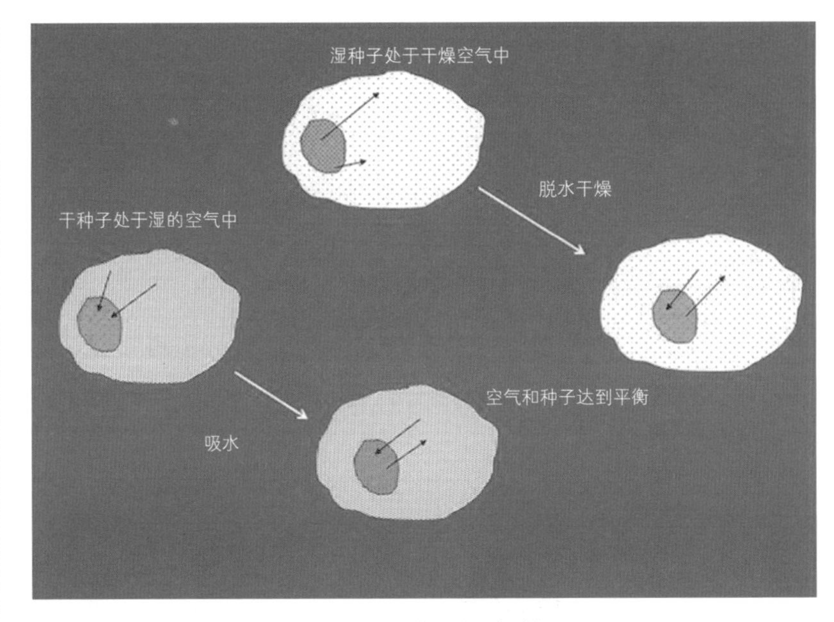

图5-29 种子的吸湿性

种子具有吸湿性，当将干燥种子放于相对湿度较高的环境中，它就会从周围的空气中吸收水分；而将潮湿种子放于相对湿度较低的环境中，它就会散失部分水分到空气中，最终与环境达到平衡，具有相同的相对湿度。

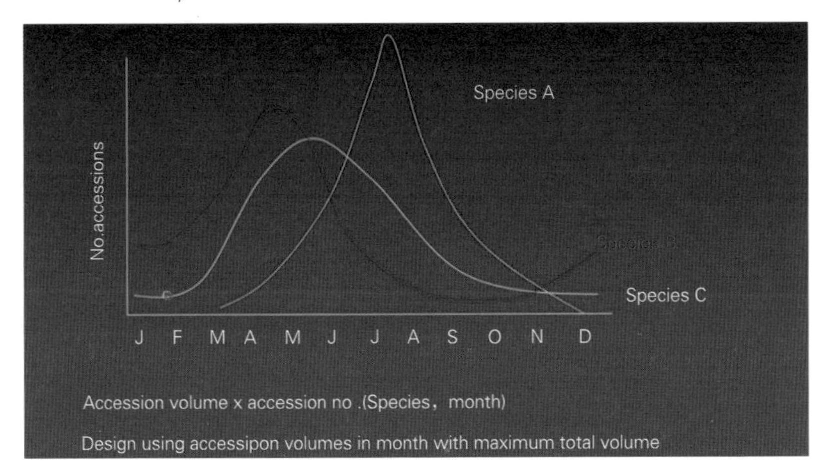

图5-30 不同物种的种子因类型、大小、成熟度、含油量和数量不同，需要不同的干燥时间（引自 Roger D S, John B D, Simon H L, et al., 2003）

知识链接

干燥间工作原理图 种子库的干燥间采用双15的标准控制技术，即保持干燥间内恒定的温度（15℃）和相对湿度（15%RH）。从野外刚采集回来的种子具有较高的含水量，当把其放于具有恒定温度和相对湿度的初干燥间后，随着时间的延长，种子的湿度就会逐渐下降，并最终平衡在15%的安全相对湿度水平，从而达到较好的干燥效果。

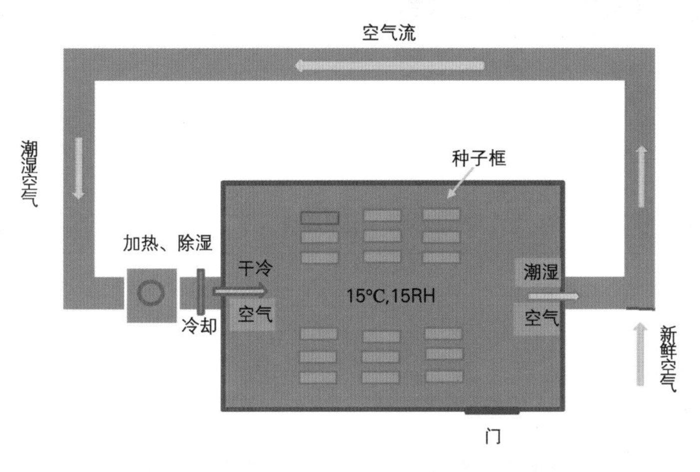

图5-31 中国西南野生生物种质资源库之种子库的干燥间工作原理图

③第三关——清理。

野生植物的生活型和结实性存在着巨大多样性，因此采集员在野外采到的不仅仅有种子，还有果实，甚至果序。为了去除样品中夹带的枝叶、泥土，以及果皮和种子附属物，合理地减小贮藏容积，提高种子净度，同时减少种子携带病菌的机会，方便今后的研究和利用，种子管理员会根据果实或种子的特性，采用不同的方法对其进行清理。

种子管理员先将变色锦鸡儿果实置于两个叠加在一起、具有不同孔径大小的不锈钢筛网上，然后用柔软的橡胶塞轻轻研磨，

图5-32 采集回来的材料

从野外采集回来的材料，不仅有种子，还有果实，甚至果序，最终种子管理员会将其清理成一份份饱满、纯净的种子。

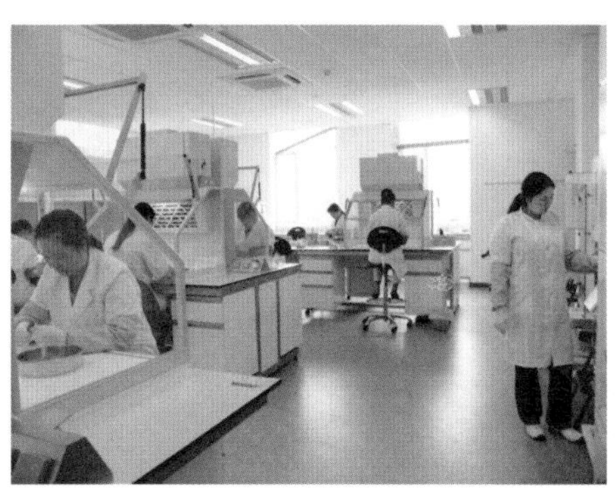

图5-33 种子管理员正在清理间中清理种子

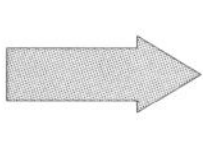

图5-34 紫花针茅果实

紫花针茅（*Stipa purpurea*）的果实一端有长且带毛的芒，另一端有如针般尖锐的基盘，接触时一不小心就会扎入人的手指。为防止果实缠绕在一起形成一团乱麻，影响以后种子的取用，并有效去除其中的空瘪种子，缩小该份种子的贮藏容积，种子管理员凭借高超的清理技术，将其变成了一粒粒清楚可分、纯净而饱满的种子。

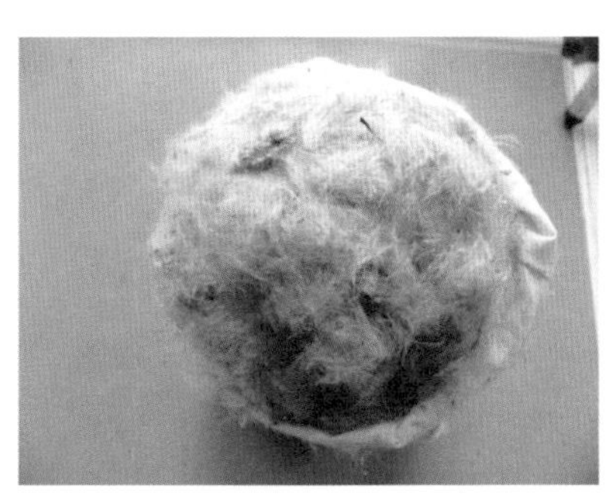

图5-35　毛茛科东方铁线莲果实

东方铁线莲（*Clematis orientalis*）的果实有长长的冠毛，常常会缠绕在一起，难以分离，更别说去除其中的空瘪种子了。经过种子管理员数个小时的耐心清理，它们变成了一粒粒清楚可分、纯净而饱满的不带毛瘦果，从而有效减小贮藏容积，提高种子饱满率。

图5-36　筛网

筛网是将种子从果实中分离出来的常用工具。

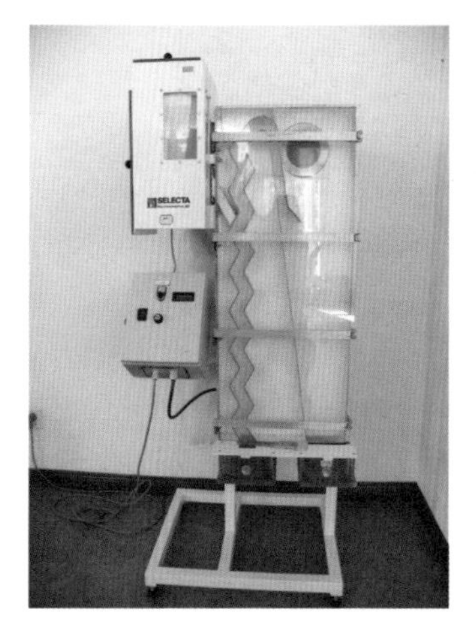
图5-37　种子分离机

种子分离机是根据饱满种子与空瘪、虫蛀种子和残渣存在重量差的原理，利用风力，将其进行分离的机器。它保证了种子库内保存的种子具有较高的净度和饱满率。

使种子从果实中分离出来，并掉入下面孔径较小一点的筛网中，而比种子大的果皮等物质被留在了上层筛网中，比种子小的残渣则落入底层的不锈钢底盘中。随后中层筛网中的种子及与其大小差不多的果皮残渣被放到了种子分离机中，在风力的作用下，该份种子中的饱满种子与空瘪、虫蛀种子以及残渣成功分离了，变成了一份干净而饱满的种子。再经种子管理员的人工分拣，混杂其中的个别其他种子也被去除了。就这样，它变成了一份纯净而饱满的种子。

④第四关——X光检测。

为检测变色锦鸡儿种子的质量是否达标，种子管理员对它进行了体检，即根据总量随机抽取一定数量的种子样品放入X光机中进行检测，然后统计其饱满率。如果达标的话，变色锦鸡儿种子即可进入下一关，否则它将被再次清理和进行X光检测。幸运的是，这次它达标了。

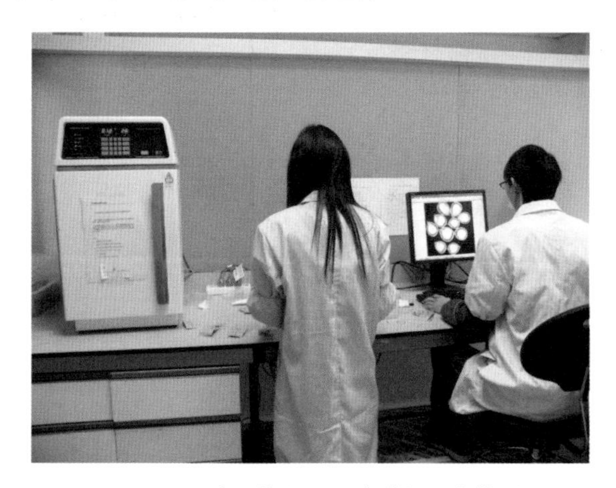
图5-38　种子管理员正在进行X光检测

图5-39　不同种子和果实的X光片

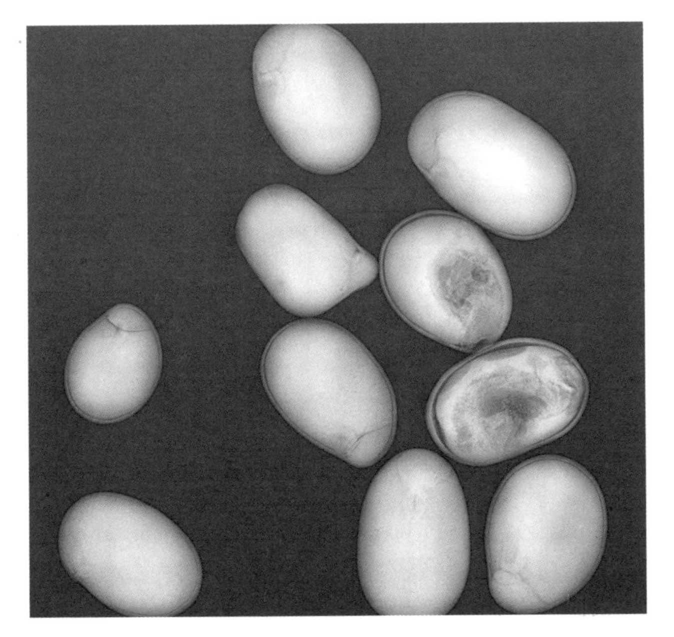

图5-40　变色锦鸡儿的X光片

X光检测清楚地显示出十粒种子中有两粒虫蛀种子。

知识链接

• **种子X光照射原理** X射线是1895年德国物理学家伦琴发现的一种直线散射的不可见光，它能穿透物体，使底片感光。由于种子的种皮、胚和胚乳密度不同，对X射线吸收的能力也不同，因此透过种子各部位的X光线强度不同，投影到检测平面上就形成了一幅种子的X光线投射影像，检测器再把X光线强度转换为光强度，就制成了我们日常生活中见到的X光片。在X光片上，饱满种子因内部密度大，呈白色；空瘪种子因内部密度小，呈黑色。通过X光片，种子管理员很容易就能计算出该份种子的饱满率。X光检测是控制种子质量的一种快速而有效的手段。

⑤第五关——计数。

现在变色锦鸡儿种子进入了第五关，种子管理员为弄清它的种子数量，以制定合理的后期使用策略，于是对其进行了重量估算。经估算，这份变色锦鸡儿种子有2500粒，达到了种子库对种子数量的要求，因此它顺利进入了第六关。

图5-41 种子管理员正在对种子进行计数

知识链接

种子计数方法 种子库采用的计数方法为种子重量估算法，即以50粒为一个样本，重复5次，用天平进行称重，然后对剩余种子进行称重，最后通过这些重量值来估算所采集的种子数量。

⑥第六关——再次干燥。

进入冷库前，变色锦鸡儿种子必须放入主干燥间再次进行干燥，否则其细胞间隙和细胞内过多的自由水会在－20℃的冷库条件下形成多棱角的冰晶，破坏细胞完整性，导致种子死亡。在主干燥间内，它又待了至少四个星期，然后经过专门的水分检测仪器检测合格后，它获得了进入冷库长期保存的资格。

图5-42 在干燥间中进行干燥，等待入库的种子

图5-43 Retronic平衡相对湿度测量仪

Retronic测量仪显示，正常型的种子在相对湿度低于20%的情况下，就能放入－20℃的冷库进行安全贮藏，但相对湿度在15%左右最好。

平衡相对湿度测量是一种在不损伤种子的前提下，能快速而可靠测定种子水分状况的方法。

⑦第七关——包装。

为保证变色锦鸡儿种子具有较长的贮藏寿命，且方便种子管理员今后取用、分发和研究种子，它被按一定比例分成两份，分别装入特制耐低温的玻璃密封瓶和罐中，并贴上特制标签。为监测玻璃瓶和罐在贮藏过程中是否出现漏气，防止种子活力受损，种子管理员在装入种子的同时，还向瓶内或罐内放入1—2袋变色硅胶作为指示剂。接下来，变色锦鸡儿种子就等着入库了。

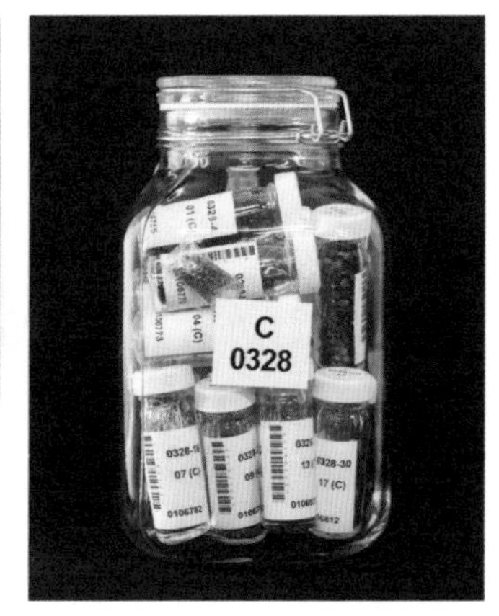

图5-44　种子贮藏容器

种子贮藏容器必须是密封的，不然种子会吸湿，从而缩短贮藏寿命。种质库采用特制的玻璃瓶和罐来装种子，它们具有密封、耐干燥和低温、防摔、易检测的特点。每个入库的密封瓶和罐上都贴有两个防水标签，上面清楚地记录着每瓶（罐）种子的序列号、条形码和位置号，便于种子管理员在冷库中取放种子。

⑧第八关——入库。

终于等来了入库这天，分装后的变色锦鸡儿种子被管理员分别放入了－20℃的基础库和活动库。放入基础库里的种子将被永久保存，短期内不会使用；而放入活动库里的种子则可随时取用开展萌发实验、研究和对外分发。这时，变色锦鸡儿种子一颗悬着的心终于放下，在这个保险库里安静地睡着了。

图5-45 在－20℃环境下安全贮藏的种子

知识链接

中国野生植物种子方舟冷库的优点 中国西南野生生物种质资源库之种子库的冷库是由英国三大制冷公司之一的Trident公司进行设计、制造和安装的，具有稳定、节能、安全的特点：①五个冷库由一套智能程序机组提供制冷，实现了分级负荷，满负荷运行时的功率只有22千瓦，冷却塔的流速仅1.6升/秒，非常节能；②压缩机组由四个高效压缩机组成，模块式编程运行，节能且稳定；③整个冷库的墙体、屋顶、地面由20厘米厚的隔热性能极好的环氧树脂泡沫彩钢板搭建而成，能最大限度地保证隔热；④内部设置了可移动不锈钢贮藏架，较大地拓展了贮藏空间；⑤地面铺设了防滑不锈钢地板，可防止操作人员摔倒；⑥门上装有含加热槽的双层玻璃窗，从外面就可直观地观察到冷库内发生的情况，减少了人员进出冷库的次数，以及由此给压缩机带来的压力和温度、湿度变化对种子的影响；⑦冷库的门锁具有防反锁功能，内部设置有定时报警功能，能较大地保障人员安全。这些特点使该冷库成为特别先进的保藏库。

⑨第九关——初次萌发实验。

扫码看视频

进入冷库，并不代表着种子处理的终点，种子管理员需对库存种子的生活力进行定期检测。人们很容易就能通过眼睛辨识出一个动物或一株植物是活着，还是死了，却很难辨认出贮藏种子的死活，因为很多种子正在休眠。因此种子管理员通常会采用萌发实验来检测种子的生活力，即将一定数量的种子样本接种在合适的萌发基质（1%琼脂培养基、河沙等）上，然后放在具适合温度和光照条件的培养间或培养箱中进行培养，最后统计其萌发率。也许有人觉得这是一项非常简单的工作，可实际上由于很多野生植物种子存在着不同类型的休眠，且休眠程度深浅不一，而现成可参考的相关资料较少，因此种子管理员常需花费大量时间和精力来尝试不同的萌发方法，直到成功使其萌发率达到75%以上。曾经他们遇到过这样几份种子，其萌发实验已开展了近3年，也尝试了多种不同萌发方法，但这些种子就是不萌发，可经检测，它们却仍然活着，如鞘柄菝葜的种子，这真是一个神奇而需不断探究的领域。

知识链接

● **种子休眠和发芽率** 种子休眠是指具有生活力的成熟种子在适宜的发芽条件下也不能萌发的现象。休眠是植物在长期系统发育过程中获得的一种抵抗不良环境的适应性，是调节种子萌发最佳时间和空间分布的有效方法。美国著名种子生理学家巴斯金夫妇（Baskins）将种子的休眠类型分成五大类：物理休眠、生理休眠、形态休眠、形态生理休眠和复合休眠。

发芽率是指测试种子发芽数占检测种子总数的百分比。

$$发芽率=\frac{发芽种子数}{供检测种子数}\times 100\%$$

变色锦鸡儿种子来自豆科变色锦鸡儿属，该属的大部分成员由于种子具有不透水的种皮，因此尽管拥有发育完全的胚，在适宜的环境条件下仍很难萌发，具典型物理休眠特性。把变色锦鸡儿种子的种皮切破一点，再将变色锦鸡儿种子放于20℃、12h/12h

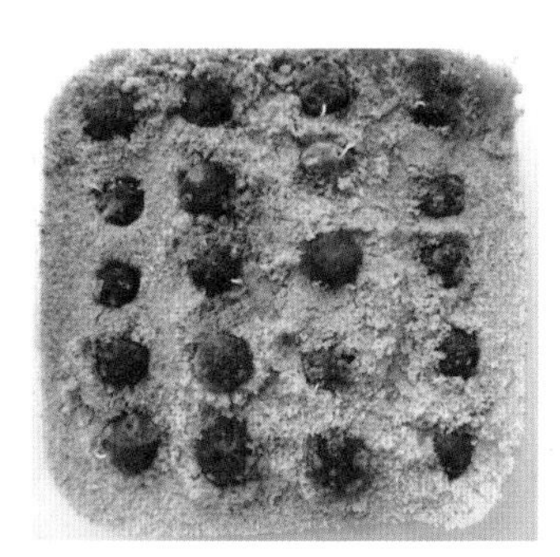

图5-46 在种子管理员的精心照料下，一粒粒沉睡的南酸枣种子苏醒了过来，成长为一株株翠绿、茁壮的小苗

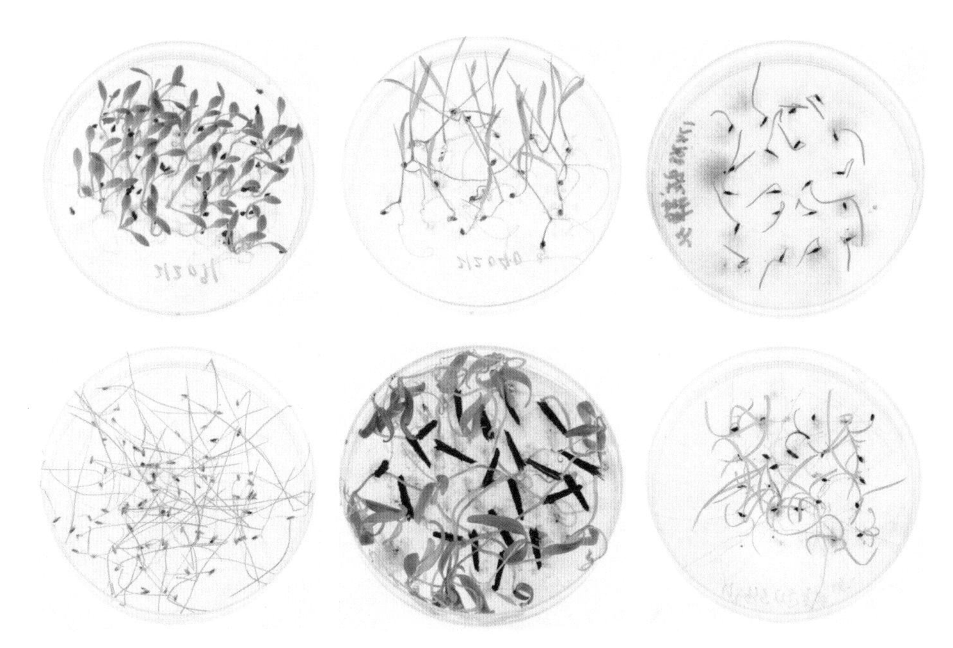

图5-47 种子管理员经过不断尝试，终于成功萌发出了许多物种的小苗，为今后这些种子资源的利用打下了坚实基础

光照条件下，1%琼脂培养基上培养，它的萌发率很快就能达到100%。

⑩第十关——再次萌发实验。

为监测变色锦鸡儿种子在贮藏过程中的生活力变化情况，种子管理员每5—10年就会对它开展一次萌发实验。当其生活力出现快速下降趋势时，种子管理员将不得不采取一些补救措施：繁殖或重新到野外采集。

⑪第十一关——繁殖更新。

对于库存种子数量较少且濒危的野生植物，其萌发出的小苗常需栽种到温室，待其开花结果后，收获种子，增补到冷库。对于如变色锦鸡儿这类已达到基础数量的野生植物种子，其萌发出的小苗常不需种植，只有当种子贮藏一段时间后，萌发率下降到75%以下，种子管理员才会将其播种到温室，开花收籽后，更新库存，或

图5-48　正在温室中繁育的小苗

再次到野外进行种子采集，更新库存。

⑫第十二关——种子分发。

贮存种子并不是建立种子库的唯一目的，为实现资源的最大化共享和利用，促进我国植物研究和生物产业的快速、健康发展，种子库面向全国各科研单位、大学、植物园和企业进行了种子分发和共享，每年的种子分发量可达几百上千份。变色锦鸡儿的数量已达2500粒，因此当有相关人员提出申请时，它就可以对外分发了。

图5-49　数量较多的余甘子果实除了保藏外，还可对外进行分发

⑬第十三关——种子研究。

种子保存的最终目的是进行研究和利用。中国野生植物种子方舟内的科学家们对已保存的变色锦鸡儿和其他6万多份种子开展了种子生物学、种子形态学、基因组学、蛋白组学、生物信息学等方面的研究，为下一步的开发和利用打下了坚实基础。

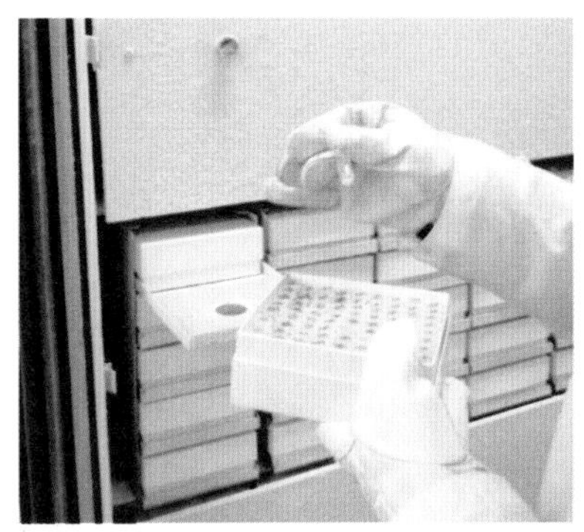

图5-50 提取和保存植物DNA

(3) 种子保藏工作需要“三心”

种子管理工作是一项环节众多、程序复杂的工作；加上每年有成千上万份种子到库需要处理，而每份种子的数量又达成千上万粒，所以种子管理员必须有足够的责任心、耐心和细心，才能将种子管理工作做好。同时，他们还需具有较好的团队协作精神，才能将每年到来的大量种子高效、及时地处理完。

截止到2015年底，中国西南野生生物种质资源库之种子库的冷库中安全地保存着我国上万种数亿粒野生植物种子，这些种子是种子管理员们十年如一日辛勤劳动的结果。一个人如果一个月连续做一件事，可能会觉得很无聊，而种子管理员们十年都要面对这些种子，且不能有一丝马虎，这需要多大的信念、毅力和爱心呀！种子库中的每一粒种子都至少在三个不同的种子管理员手中停留并处理过，它们是种子管理员们为未来存下的生命火种，蕴含着他们对未来的无限期许。

图5-51 种子管理员正在体视镜下解剖种子

⑤ 种子库中种子的寿命

经过上述众多流程的处理，种子们终于安全进入了－20℃的冷库进行保存。它们在冷库中究竟能存活多长时间呢？小麦和玉米在昆明室外待上一年，其生活力就会下降到初始生活力的10%，而在－20℃的冷库中，它们将能待上几千年，棉花甚至可以待上6万多年。由此可见，种子库保藏种子是多么有效！

表5-1 种子在昆明室外与种子库条件下贮藏时间的比较

Table Time for seed viability dried and stored at ambient condition and at drying room, stored at －20℃.

物种 Species	生活力下降至10%的贮藏时间（年） Time for viability to fall to 10%（Year）	
	昆明室外 Dried and stored at ambient room, stored condition	种子库（15%RH，－20℃） Dried and stored at －20℃
玉米 Maize | *Zea mays*	1.68	1826
小麦 Wheat | *Triticum aestivum*	1.17	3122
苹果 Apple | *Malus domestica*	1.52	1632
水稻 Rice | *Oryza sativa*	2.72	3712
莴苣 Lettuce | *Lactuca sativa*	0.81	1476
大豆 Soya | *Glycine max*	2	726
棉花 Cotton | *Gossypium hirsutum*	439	67812

中国野生植物种子方舟使我国众多宝贵的植物资源得到了长期而安全的保护，为我们将来进一步开发和利用这些资源，造福人类提供了保障。

图5-52　种子管理员正在－20℃的冷库中查找云南穗花杉的种子

经过十年的艰辛采集，现中国野生植物种子方舟中已成功保藏了来自我国各地的218科9129种野生植物种子资源，以及世界上45个国家的1197份种子资源，其中不乏我国一些珍稀、濒危和特有植物的种子，以及一些重要农作物的野生近缘种种子。让我们近距离地来认识一下这些难得一见的种子吧。

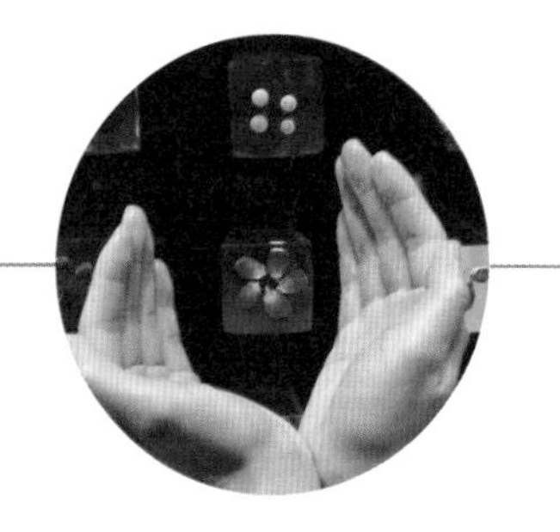

我国的一些珍稀、濒危植物以及重要农作物野生近缘种在野外的分布范围已非常狭窄，居群数量和植株数量非常稀少，若再不加以保护，或许很快它们将从地球上彻底消失。

自2005年中国西南野生生物种质资源库之种子库采集第一份野生植物种子开始，至今已逾十个年头。经过十年的艰辛采集，截止到2015年底，种子库现已成功保藏了我国218科9129种野生植物种子资源，占中国种子植物种类的31%，其中包括大量我国重要而有特色的植物种子。

① 珍稀、濒危植物种子

珍稀、濒危植物是植物界的“大熊猫”，其在长期演化过程中由于自身的生殖能力衰退、生活力下降，或所需的特殊生境被严重破坏，或由于人类的毁灭性开发，或遭受了严重病虫害，它们在野外的分布范围已经变得极其有限，居群数量和植株数量已非常稀少。如果人类再不加以保护，它们很可能将从地球上彻底消失，沦为绝灭种，仅有名字留于书本之中，或仅有标本保存于标本馆中，其许多潜在的重要功能和价值将永远不为人知，因此珍稀、濒危植物种子一直是世界各大种子库抢先收集、保存的对象。经过十年努力，中国西南野生生物种质资源库之种子库现已收集和保存了我国《国家重点保护野生植物名录（第一批）》中所列的81种442份珍稀、濒危植物种子，其中包括国家Ⅰ级重点保护植物水松、伯乐树、长蕊木兰、珙桐、喜马拉雅红豆杉、巨柏、巧家五针松、云南穗花杉、掌叶木等；国家Ⅱ级重点保护植物长柄双花木、短芒披碱草、厚朴、金铁锁、连香树、千果榄仁、水青树、十齿花、云南金钱槭、中华结缕草等。

知识链接

- **濒危种和稀有种**

濒危种：指那些在其整个分布区域或分布的重要地带上处于灭绝危险中的植物，如巨柏、华盖木等。

稀有种：指那些并不立即有灭绝危险，但仅存在于有限区域内，很容易陷入濒危或绝灭的种类，如我国特有的单种属或少种属的代表植物银杉、水杉等。

② 特有植物种子

特有种是指分布区仅限于某一地区或仅生长于某些特有生境的植物种类，中国31142种维管植物中，近一半为中国特有种。目前中国西南野生生物种质资源库之种子库已保存了我国4000多种13000多份特有植物种子，包括第四纪冰川运动后遗留下来的裸子植物中最古老的孑遗植物银杏，中国特有单种属、孑遗植物珙桐，中国古老残遗植物金钱松，特有珍稀植物鹅掌楸等。

③ 野生近缘植物种子

野生近缘植物是与栽培作物遗传关系相近，能向栽培作物转移基因的野生植物。它们在数百万年的进化过程中，积累了各种不同的遗传变异，蕴藏着许多栽培作物所不具备的优良基因，如抗病虫性、抗逆性、优良品质、细胞雄性不育及丰产性等，是较好的育种材料。中国西南野生生物种质资源库之种子库现已保存我国数千种重要农作物的野生近缘种种子。

④ 特殊区域植物种子

青藏高原在我国境内西起帕米尔高原，东至横断山脉，南自喜马拉雅山脉南缘，北迄昆仑山、祁连山北侧，总面积约为257万平方千米，平均海拔4000米以上，是世界上海拔最高、面积最大的高原，有“世界屋脊”和“世界第三极”之称。青藏高原的特殊生境孕育了众多珍贵的植物种质资源，其维管植物有10000多种，其中该区域特有类群占35%以上。这一区域既保留了远古残留下来的孑遗类群，如高寒草原特有属马尿泡属，著名的第三纪古地中海残遗中国特有科芒苞草科，高寒沼泽地上的高寒水韭等，还有青藏高原隆升过程中新形成的类群，如紫堇属、绿绒蒿属等。这些植物类群是人类植物资源的重要宝库，具有较高的研究价值和生态价值。截止到2015年底，中国西南野生生物种质资源库之种子库已保存了来自青藏高原的15337份种子。

⑤ 国外植物种子

除了保存中国重要的野生植物种子资源外，中国西南野生生物种质资源库之种子库还积极与许多国际机构（如英国千年种子库等）建立合作关系，备存了来自世界上45个国家的1197份重要植物种子，共同为保护全球植物多样性而努力。

⑥ 中国野生植物种子方舟中的宝贝种子

中国西南野生生物种质资源库之种子库目前已成为我国一个重要的野生植物种子资源保护基地，它为我国众多的野生植物提供了一个安全的避难所，尤其为那些濒临灭绝和生存环境遭到严

图6-1　杏黄兜兰清瘦的植株和美丽的花朵

重破坏的植物提供了继续生存繁衍的希望，也为未来它们在野外的居群重建和生态恢复提供了机会。现在就让我们近距离地来认识一下中国野生植物种子方舟中那些难得一见的宝贝吧。

杏黄兜兰 *Paphiopedilum armeniacum*

杏黄兜兰是国家Ⅰ级保护植物，有“兰花大熊猫”之称。它花大色雅，形状奇特，花期长达40—50天，且具有兜兰属中罕见的杏黄色，是兰科植物中最具欣赏价值的物种之一，在世界兰花展中多次斩获金奖。近几年来其野生植株遭到花农的疯狂采挖，居群数量大幅下降，濒临灭绝。现中国野生植物种子方舟已保存该种数万粒种子。

图6-2　弥勒苣苔的种子

弥勒苣苔 *Paraisometrum mileense*

1906年，法国的一名传教士曾在云南采到过该种植物的标本，此后一百年中，人们再也没有发现其野生植株的踪影。直到2006年，中国科学院昆明植物研究所的专家才在云南省石林县再次发现了该种300多株野生植株，在国际上引起了较大反响。弥勒苣苔是中国特有植物，其生存环境正遭受较大人为干扰和外来入侵植物的影响，因此有再度消失的危险。现中国野生植物种子方舟已成功保存该种36510粒种子。

扫码看视频

图6-3　弥勒苣苔植株

巧家五针松 *Pinus squamata*

图6-5　巧家五针松的球果

图6-4　巧家五针松的种子

巧家五针松是1992年在云南东北部巧家县发现的中国特有植物，因人为砍伐、生境恶化、全球气候变化等因素的影响，目前全世界仅存34株野外个体，且只分布于金沙江边约5平方千米的干热坡地上。现中国野生植物种子方舟已成功保存该种1229粒种子。

扫码看视频

水松 *Glyptostrobus pensilis*

水松为国家Ⅰ级保护植物，是中国特有的单种属植物，世界自然保护联盟（IUCN）红色名录中极危物种。

水松在白垩纪至新生代曾广泛分布于北半球，但受第四纪冰期影响，欧洲、美洲、日本等地的水松都已灭绝，现只留存于中

图6-6　水松的果枝

国、越南与老挝，是古老的残存种。目前我国野生水松已不到1000株。随着人类活动的加剧，以及全球气候变化的影响，其数量在不断减少，如果人们再不加以保护，在不久的将来，它很可能将从地球上灭绝。

水松对于研究杉科植物的系统发育、古植物学及第四纪冰期气候等都具有重要科学价值，现中国野生植物种子方舟已保存该种2068粒种子。

珙桐 *Davidia involucrata*

珙桐开花时有两片白色醒目的大苞片，整朵花就像一只展翅欲飞的白鸽，故被西方植物学家称为“中国鸽子树”。珙桐是1000万年前新生代第三纪残留下来的孑遗植物，它曾在地球上繁盛一时，第四纪冰期后，其野生植株仅在我国幸存了下来，零星地分布于我国西部和西南部地区，为国家Ⅰ级保护植物，有“植物活化石”之称。现中国野生植物种子方舟已保存该种9075粒种子。

图6-7　珙桐的果核

图6-8　珙桐的果实

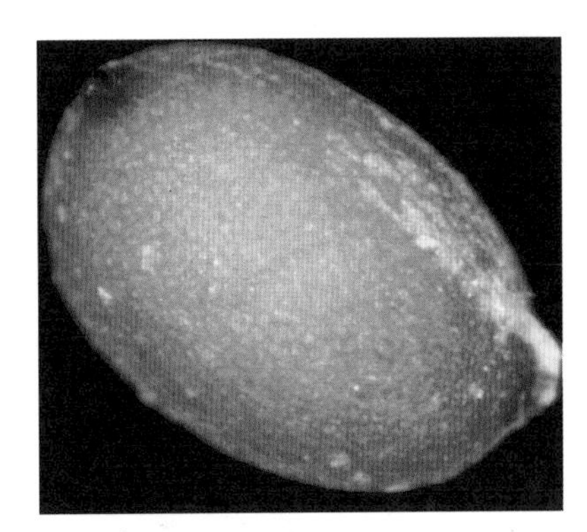
图6-9　芒苞草的种子

芒苞草　*Acanthochlamys bracteata*

芒苞草为多年生丛生矮草本植物，高2—5厘米，是青藏高原特有的、国家Ⅱ级保护植物。这是一个古老而孤立的类群，具有重要的科研价值，它的发现为大陆漂移学说提供了强有力的证据，并为探讨被子植物的起源提供了直接亲缘类型。

芒苞草的种子为椭圆形；黄色或棕黄色；体积较小，长0.65—0.87毫米，宽0.42—0.52毫米，厚0.42—0.52毫米，重9.68×10^{-5}克；于8—10月成熟，靠风力散布。现中国野生植物种子方舟已保存该种487粒种子。

图6-10　芒苞草植株

喜马拉雅红豆杉　*Taxus wallichiana*

喜马拉雅红豆杉主要分布于我国喜马拉雅地区，是重要的材用树种。近年来，因发现其树皮中含有特效抗癌成分——紫杉

图6-11　喜马拉雅红豆杉的种子

扫码看视频

醇，故遭到了掠夺性砍伐，现已濒危，成为国家Ⅰ级保护植物。现中国野生植物种子方舟已保存该种227粒种子。

普通野生稻　*Oryza rufipogon*

稻米是地球上三分之一人口的主要粮食。考古发现，我国是世界上栽培水稻的起源中心之一，早在7000多年前，我们的祖先就已学会栽培水稻。

图6-12　普通野生稻的果实

普通野生稻是亚洲栽培稻的近缘祖先，其经过长期的进化变成了现代栽培稻。现代栽培稻在进化过程中，约有三分之一的等位基因和一半的基因型已丢失，其中包括许多优良基因，如抗病虫性、抗逆性、高蛋白含量基因等，因此普通野生稻是水稻育种和改良的重要遗传资源，对解决粮食安全、维护人类生存发展具有重大意义。1973年，被誉为“杂交水稻之父”的袁隆平就是利用在海南发现的一株普通野生稻雄性不育株，成功培育出了杂交水稻，从而使水稻产量增加了近20%！

图6-13　普通野生稻植株

让人担忧的是，野生稻的多样性目前正在快速丧失，已达濒危程度。现中国野生植物种子方舟已保存该种9893粒种子。

图6-14　木鳖子的果实

木鳖子 *Momordica cochinchinensis*

木鳖子的种子是一味重要中药，有散结消肿、攻毒疗疮的功效；可治疮疡肿毒、乳痈、瘰疬、痔漏、干癣、秃疮等症。木鳖子的种子藏于长12—15厘米、橙红色、表面密布3—4毫米刺状突起的肉质果实里。木鳖子的种子呈卵形或近方形，为咖啡色至黑褐色，表面具斑块状雕纹，周缘具锯齿状突起；长22.31—36.05毫米，宽18.00—31.53毫米，厚6.40—8.34毫米。它的外种皮较厚，壳质；内种皮薄，灰绿色；种子不含胚

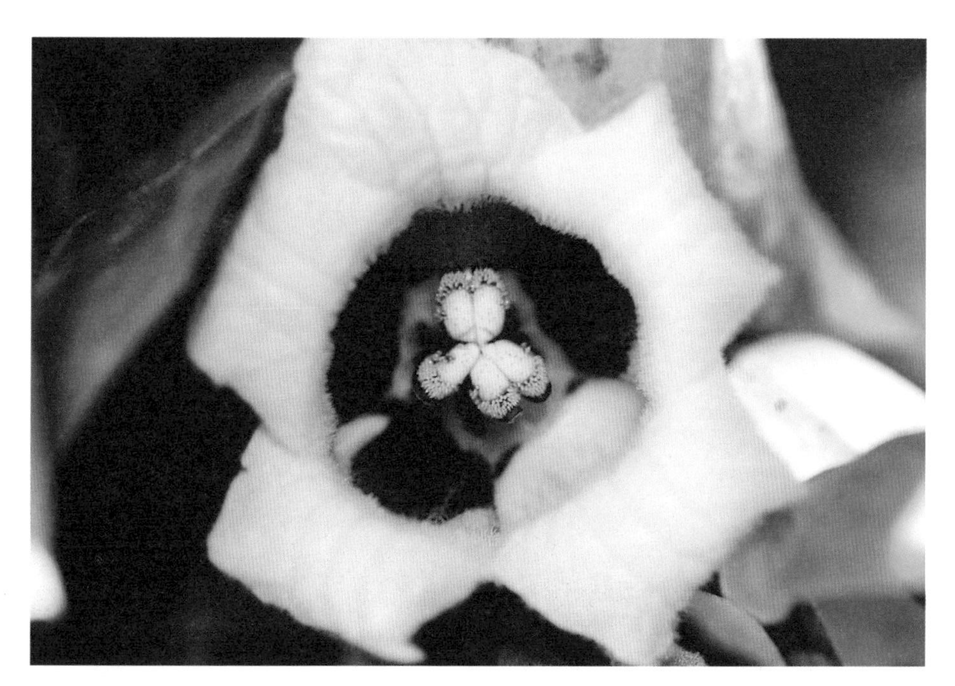

图6-15　木鳖子的花

图6-16 芨芨草的果实

乳，只有一个较大的胚。胚黄白色，富含油质；具有两片宽倒卵形、肥厚的子叶；胚根锥状突起，极短。现中国野生植物种子方舟已保存该种3042粒种子。

芨芨草 *Achnatherum splendens*

芨芨草是多年生密丛草本植物，适应性较强，耐旱、耐寒，还耐盐碱。它在我国北方分布较广，从东部高寒草甸草原一直到西部荒漠区，以及青藏高原东部高寒草原区都有分布，它是盐化草甸的重要建群种之一。它还是我国一种中等品质饲草，终年为各种牲畜所采食，骆驼、牛、马和羊尤其喜欢吃。在冬季下雪，牲畜缺少其他可饲用牧草的情况下，芨芨草便成了它们的主要饲草。芨芨草对于解决我国西部荒漠、半荒漠草原区大牲畜冬春饲草具有非常重要的作用。另外，芨芨草的茎、根和种子都可入药，有清热利尿的功效，能治疗尿路感染和尿道炎等症。此外，

图6-17 芨芨草植株

芨芨草还是牧区寻找水源、打井的指示植物。现中国野生植物种子方舟已保存该种29份892809粒种子。

异针茅 *Stipa aliena*

异针茅是多年生草本植物。它是中国特有植物，仅分布于我国甘肃、青海、西藏和四川，生长于海拔2900—4600米的阳坡灌丛、山坡草甸、冲积扇及河谷阶地，是青藏高原一种优质而主要的牧草。在返青至抽穗之前，它的茎叶柔软，适口性好，营养价值高，各种牲畜都喜欢吃，是当地夏季牲畜主要采食的牧草之一。

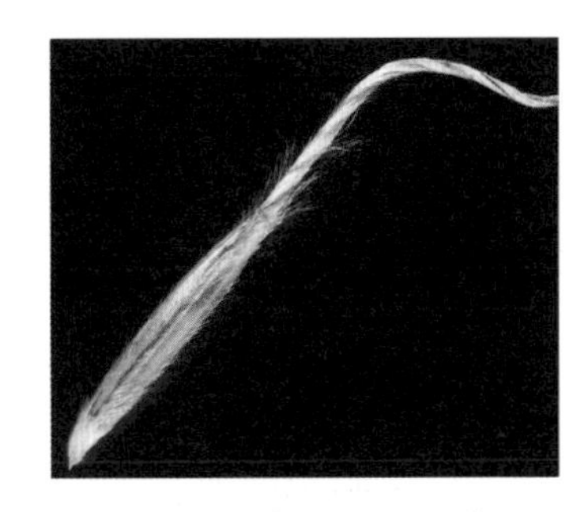

图6-18 异针茅的果实

9—11月，异针茅的带稃颖果就会主动从植株上脱落，掉落地面。与风播和水播方式不同，它具有一种能主动寻找合适地方，并将自己掩埋起来的本领。异针茅的颖果基部具有尖锐的基盘，

图6-19 异针茅植株

能轻而易举地扎进地缝；而顶端具有长18—26毫米的长芒，这是它的“推力器”。当颖果落到地上后，长芒就会随空气中含水量的变化或地面的干湿变化扭紧或松开，从而产生一个旋转的机械力将果实推入地下，进入一个温暖而湿润的环境。此外，其基盘上部密布着许多短毛，它们可以帮助果实在干燥的地面上爬行一小段距离，并防止已钻入地下的果实倒退出来。异针茅果实的这种自我埋藏机制可以使其免受动物掠食，并有助于种子发芽，增加后代长成植株的概率。除了这种散布方式外，为增加果实散布的成功率，异针茅的果实还能插到动物的皮毛上，搭乘它们的“快车”进行散布。现中国野生植物种子方舟已保存该种9900粒果实。

图6-20　榼藤的果实

榼藤　*Entada phaseoloides*

因其种子大如棋子，又名“棋子豆”。榼藤的种子为扁圆形，车轮状；棕褐色至褐色，有光泽；长35.47—37.41毫米，宽32.50—36.18毫米，厚18.30—20.14毫米，重约14.97克；藏于长51.80—86.70厘米、宽7.91—10.34厘米、厚2.82—3.25厘米、稍扭曲、表面革质而内部木质的果荚内。这是中国野生植物种子方舟中保存的最大正常型种子。它微苦、略涩，有祛湿消肿的功效，可治黄疸、肝热病、腹痛、便秘、胃痛、蛔虫病、脚气和水肿等症。

图6-21　榼藤的种子

缘毛鸟足兰 *Satyrium nepalense* var. *ciliatum*

人们常用芝麻来比喻“小”，一粒芝麻重约4×10^{-3}克，而缘毛鸟足兰的一粒种子却只有1.36×10^{-7}克重，相当于近三万分之一粒芝麻种子。由于其种子小如粉尘，所以只有在显微镜下才能看清真貌，这是中国野生植物种子方舟中至今保存的最小种子。

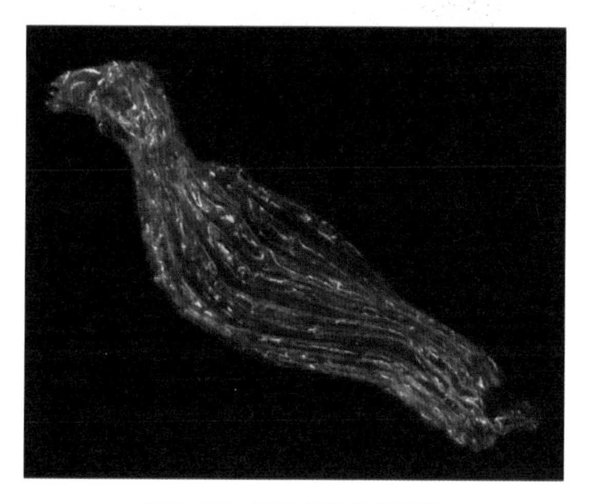

图6-22 缘毛鸟足兰的种子

图6-23 缘毛鸟足兰植株

古莲 *Nelumbo nucifera*

1952年，我国科学工作者在辽宁省普兰店一个干涸池塘的泥炭层里挖到一些古莲种子，经碳十四同位素测定，其在地下竟沉睡了1300年之久！这是中国迄今发现的寿命最长的种子。为一睹其植株的真容，弄清它们与现代莲之间是否存在差异，科学家将它们浸泡于水中，想使其萌发。但过了20个月，仍未见任何动静。是什么原因造成种子的不萌发呢？难道它们已

图6-24 古莲子

图6-25 古莲子开花植株（摄影：刘长江）

经死了？科学家经过进一步研究发现，原来是种皮在捣鬼！于是科学家在种子外壳上轻轻钻了个孔，打破了种皮对水的隔离以及对胚的束缚，最终使胚长大成苗，并开出美丽而古老的花朵。现中国野生植物种子方舟已保存该种3粒种子。

俗话说“十年磨一剑”，经过十年的建设和发展，中国西南野生生物种质资源库之种子库已宝剑出鞘，正与我国植物多样性丧失作斗争，并在国际上赢得了巨大声誉。

中国西南野生生物种质资源库之种子库与英国千年种子库等国际机构密切合作，共同为全球生物多样性保护事业而努力。

① 科学重器终铸成

针对植物多样性丧失、关键物种灭绝、国家可持续发展受到重大影响等问题，中国西南野生生物种质资源库之种子库组织全国多家单位协作攻关。经过三年的基础设施建设和八年的快速发展，种子库现已具备强大的野生植物种子资源保藏与研发能力。

截止到2015年底，中国西南野生生物种质资源库之种子库已保存我国218科9129种野生植物种子资源，以及世界上45个国家的1197份种子资源，成为亚洲最大的野生植物种子资源“诺亚方舟”，并与英国千年种子库、挪威斯瓦尔巴德全球种子库等一起成为全球植物多样性保护的翘楚。它不仅使我国的野生植物种子资源，特别是我国的特有种，珍稀、濒危种，以及具有重要经济价值、生态价值和科学研究价值的物种安全得到保障，还使我国野生植物种子资源快速、高效的研究和利用成为可能，也为我国在未来国际生物产业竞争中立于不败之地打下了

图7-1 中国西南野生生物种质资源库的冷库(上)及大楼(下)

坚实的基础。

除了收集和保护我国的生物战略资源——植物种子，中国西南野生生物种质资源库之种子库还是我国一个重要的科学研究和开发平台。通过承担国家的“973计划”、基础条件建设计划、基础性工作专项和科技支撑计划等多项国家项目，种子方舟内的科学家们从种子生物学、生态学、形态解剖学、分子生物学、蛋白组学、生物信息学等多个学科领域对库存种子资源进行了深入研究，寻找和挖掘能改善国计民生的种子材料，以及能治疗癌症等人类顽疾的良药，使巨大的植物种子资源潜力得到充分发挥。如2008年中国西南野生生物种质资源库的高立志团队自主完成了普通野生稻基因组高覆盖的序列测定、拼接和组装工作，获得普通野生稻全基因组从头测序的框架图，基因组图谱达到国际领先标准，这是我国科学家的第一个野生稻全基因组测序计划，也是世界上第一个完成的高杂合度野生稻全基因组框架图谱。自2000年以来，经过十多年的努力，中国西南野生生物种质资源库的李德铢团队利用分子技术，对我国3310种重要的植物进行了测序，获得143085个序列，目前已构建起一个通过DNA片段快速鉴定物种

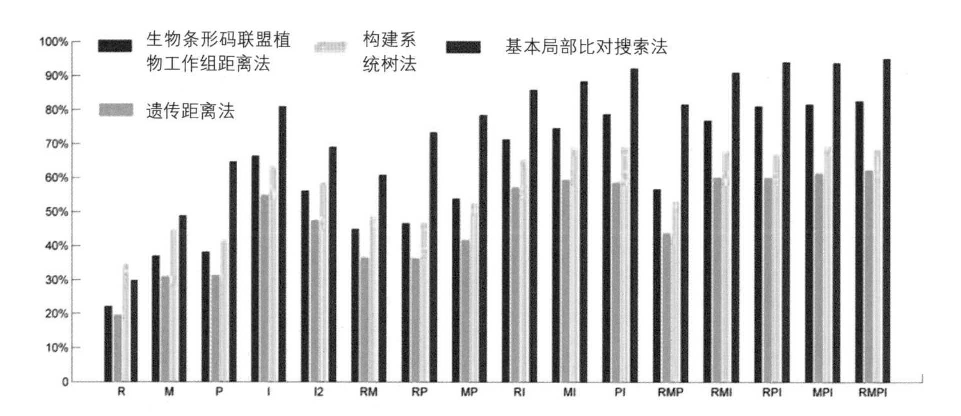

图7-2 四个DNA条形码（包括ITS2）和不同条形码组合基于四种不同分析方法的物种分辨率比较

的iFlora体系。

另外，中国西南野生生物种质资源库之种子库作为生物产业的源头，还是我国一个重要的实物和信息共享平台，通过分级共享的模式，其将十年来收集到的种子、信息和研制的技术规范进行了广泛的社会共享。截止到2015年底，它已通过http://www.genobank.org网站向全国无偿提供了83261条植物采集数据和211197张植物图片，获得了1.22亿人次的访问量；并向国内几十个研究所、大学和企业分发了10325份种子和9912份小苗，为这些单位所承担项目的顺利开展和结题提供了帮助，为我国系统进化、种子生物学等领域的研究提供了基本材料，为我国新能源、高产作物、新园艺植物、药用植物等资源的筛选和利用提供了便利，从而促进了我国诸多学科领域的发展和我国生物资源的开发利用，加快了我国生物产业的发展。通过十年的运行和发展，中国西南野生生物种质资源库之种子库已建立起一套行之有效的种子库建设方案及种子采集、管理流程，研制出一系列种子管理标准规范。为促进我国生物多样性保护工作的整体健康、快速发展，它免费为广东、广西、四川、山东、西藏、新疆等国内几十家在建种子库同行提供了建库建议和标准规范，为其建设添砖加瓦，也使我国生物多样性保护工作上了一个新的台阶。

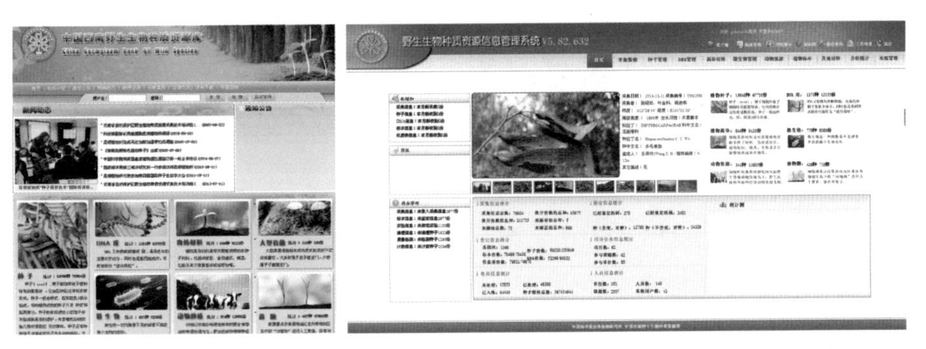

图7-3 中国西南野生生物种质资源库之种子库具有强大的数据管理系统和开放的信息共享网站，以及海量的种子信息

此外，中国西南野生生物种质资源库之种子库还是我国一个重要的知识教育和培训基地。截止到2015年底，它已对1675名种质资源收集保存技术人员以及近万名中小学生和大学生进行了培训，为我国生物多样性保护工作培养了一支优秀青年科技人才队伍，同时也将环境保护意识和生物多样性保护意识更多地根植到祖国的未来——孩子们的心中。

▲ 2011年1月17—26日，中国西南野生生物种质资源库之种子库成功举办了种子保存技术国际培训班。

▲ 2007年7月，第一届保护区培训班在种质库举办。

▲ 2011年5月，第四届保护区培训班在云南省普洱市景东县举办，来自14个保护区的46名一线工作人员参加了该次培训，系统地学习了种子及相关材料的采集技术和方法。

▼ 建在种子库内的“种子博物馆”因其丰富的种子及相关知识成为全国中小学生非常喜爱的科普基地。

▼ 种子管理员秦少发在公众科普日向同学们介绍种质库背景知识。

▼ 种子采集员郭永杰深入保护区，对一线护林员进行采集技术和方法的培训。

图7-4 各种形式的培训

在国际上，中国西南野生生物种质资源库之种子库是全球植物多样性保护的重要基地之一，它与英国千年种子库、国际混农林中心等国际机构和组织建立了密切合作关系，共同为全球生物多样性保护事业而奋斗。此外，它还是各国种子采集和保藏人员

图7-5 2004年5月10日，中国科学院与英国皇家植物园丘园就种子资源保护签署合作协议

图7-6 2007年12月，中国科学院昆明植物研究所与国际混农林中心就种子备存签署合作协议

图7-7 2008年10月29日，中国西南野生生物种质资源库正式备存了来自英国皇家植物园丘园千年种子库的第一批英国本土植物种子，这标志着中国西南野生生物种质资源库已成长为一个国际保存库，将在全球生物多样性保护行动中发挥重要作用

切磋技艺、合作交流的重要平台。

发展至今，中国西南野生生物种质资源库之种子库为我国生态文明建设和社会经济发展做出了突出贡献，为实现《生物多样性公约》新十年计划和《全球植物保护战略》第一阶段（2002—2010）的阶段性目标做出了重要贡献。

图7-8 2011年1月17—26日，种子保存技术国际培训班在中国西南野生生物种质资源库举办，来自13个国家和地区的17位学员参加了此次培训。它为这些学员提供了一次宝贵的学习和交流种子保存方法和技术的机会，同时也代表着种子库的管理水平上了一个新台阶

② 外界影响

中国西南野生生物种质资源库之种子库是继英国千年种子库之后，为保护生物多样性和实现全球植物保护战略的又一重大项目，因建立在生物多样性热点地区而备受国内外关注，并受到生物多样性领域和种质资源领域知名专家的高度评价。

2003年，种质资源库建设项目刚获得国家发改委批复，国际著名学术期刊《自然》（*Nature*）即以“生物多样性计划在中国生根”为题报道了该项目的启动。

2005年，国际著名植物学家、美国科学院院士、美国密苏里植物园主任彼得·雷文（Peter Raven）和英国皇家学会会员、英国皇家植物园丘园主任彼得·克雷恩（Peter Crane）到建设现场进行考察，认为中国西南野生生物种质资源库将对国际生物多样性保

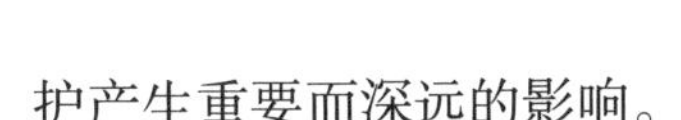

护产生重要而深远的影响。

2007年，中国西南野生生物种质资源库开始试运行。“我国建成首个野生生物种质资源库”的新闻入选了当年由两院院士评选的“国内十大科技进展新闻”。

2009年，在中国西南野生生物种质资源库第一阶段验收前夕，英国千年种子库主任保罗·史密斯（Paul Smith）撰写评论，高度评价了中国西南野生生物种质资源库。他说：“在五年建设期内收集4000种30000份种子的目标是极富挑战性的，他们能实现这一目标，表现了不凡的能力。”

2009年，中国西南野生生物种质资源库李德铢研究员和英国千年种子库休·普里查德（Hugh Pritchard）教授应邀在国际植物科学领域著名刊物《植物科学发展趋势》（*Trends in Plant Science*）上发表文章，对全球植物迁地保护，特别是种子库的研究背景、

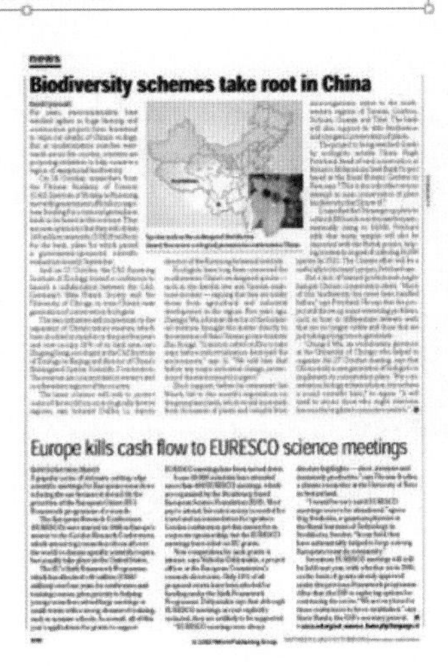

图7-9 2003年，《自然》杂志报道了中国西南野生生物种质资源库项目启动事宜

科学问题、行动计划和保护策略进行评述。文章发表后，引起了国际植物多样性保护领域的关注。

图7-10 《国际植物科学杂志》2014年1月刊封面

2009年10月10日下午，英国驻华大使欧威廉爵士访问了昆明植物研究所和中国西南野生生物种质资源库。欧威廉大使对昆明植物研究所在植物学研究和种质库在建设中取得的成就给予了高度评价，他希望昆明植物研究所能与英国相关植物学研究机构继续保持密切合作，共同推进双方在植物资源及植物学方面的研究。

2010年9月5日下午，冰岛共和国总统奥拉维尔·拉格纳·格里姆松慕名访问了中国西南野生生物种质资源库。他高度称赞了种质资源库所取得的成绩，并希望两国今后能在植物多样性保护方面进行合作。

图7-11 种子库出版的第一本种子形态图书

2014年《国际植物科学杂志》(*International Journal of Plant Sciences*) 1月刊选用了中国西南野生生物种质资源库拍摄的种子照片作为封面。

2015年6月，中国西南野生生物种质资源库出版了《青藏高原特色植物种子》一书。该书以研究材料独特、方法和技术新颖、内容具有原创性而引起了植物学领域的广泛关注，并获好评。

每一粒小小的种子中，都蕴藏着一个新的生命，在适宜的条件下，它将冲破土壤，长成一棵健壮的小草或参天大树。小小的种子，不仅承担着植物传宗接代的重任，还承载着人类的现在和未来。在保藏的基础上，人们将利用种子方舟中种类繁多的种子资源进行新作物的筛选和作物的改良；并对已破坏的环境进行恢复，对在野外出现濒危状况的物种进行扩繁，从而满足人类对粮食和能源的需求，并为人类创造一个良好的生活环境。或许有一天，地球将不再适宜人类居住，而人类也不得不迁移到其他星球，这时，种子将是人类重获新生的希望。

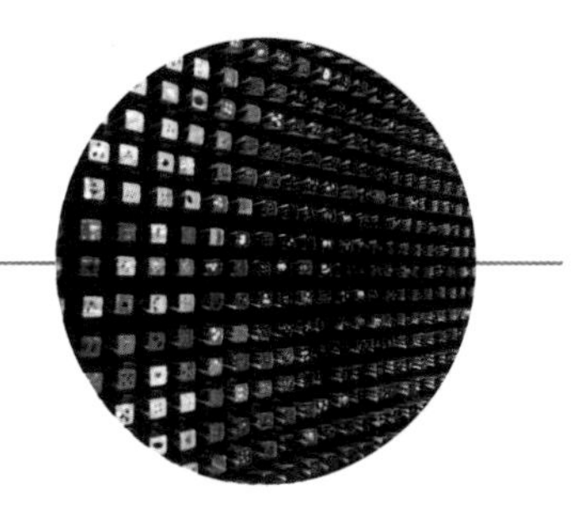

中国西南野生生物种质资源库之种子库内保存的众多种子是我们为未来存下的生命火种，它们将帮助我们的子孙后代创造出更加辉煌的未来。

中国野生植物种子方舟经过十年的建设，虽已圆满完成了第一阶段的任务，但离总目标尚有距离。在下一发展阶段，它将谱写怎样的传奇呢?

①有力保障我国生物战略资源安全

中国西南野生生物种质资源库之种子库经过十年的努力，截止到2015年底，已收集保存了我国9129种植物种子，即我国31%的开花植物物种，份数也已达67869份，但距离1万种10万份的收集目标还有一段距离。在接下来的五年中，它将继续填补空白采集区域，加强专类资源植物（如重要粮食作物野生近缘种、功能食谱植物、《中国药典》中的植物、能源植物、野生花卉和有重要科研价值的植物）种子的采集，以及珍稀、濒危植物种子的采集，继续高质量地完成采集和保存任务，确保我国种子资源的安全保藏，为我国生物多样性保护事业的健康发展和生物产业的可持续发展保驾护航。同时，它还将与世界上其他植物多样性保护机构密切合作，进一步拓展国际采集和国际种子交换力度，加大我国对世界上其他国家种子资源的保存量，为实现《全球植物保护战略》目标而努力。

②深入挖掘，创新种质，服务生态

人类所面临的食品安全、清洁能源、人口健康、环境优化和脱贫致富等问题都与植物种子资源的利用有着直接或间接的关系。面对世界人口不断攀升、土地资源有限，而环境不断恶化的局面，我们只有充分了解、利用好现有植物资源，才能创造出更大的经济效益，促进人类社会的可持续发展。中国野生植物种子方舟将在人类未来的发展中发挥重要作用。

在下一阶段，中国西南野生生物种质资源库之种子库将面向世界科技前沿、国家重大需求和国民经济重要方面，对库存种子资源进行深度挖掘；加大资源共享力度，积极与相关企业合作，提升企业的科技创新能力，有力促进我国具有自主知识产权的生物技术产业的形成，提升我国生物技术产业在全球的竞争力；同时改善自然环境，增加生态系统稳定性，使人与自然和谐发展。

（1）作物改良和创新

现代农业发展在追求高产优质的同时，也带来了一个严重后果——品种单一化，这在发达国家尤为明显。品种单一化会使作物的遗传多样性大大丧失，遗传基础变得较为狭窄，从而导致作物易受到病虫害的侵袭。一旦一种病原菌的生理种族成灾而作物又没有抗性，则整个作物在很短时间内就会受到毁灭性打击，从而造成巨大的损失。这样的例子很多，如19世纪40年代爱尔兰的

图8-1 19世纪40年代，爱尔兰发生马铃薯饥荒，许多人背井离乡

马铃薯饥荒。当时欧洲的马铃薯品种都来自于最初引进的两个无性系，即当地绝大多数种植的马铃薯品种都是那两个无性系的后代，遗传基础十分狭窄，导致了19世纪40年代的晚疫病大流行，致使数百万爱尔兰人因饥荒而流落他乡。美国在1954年爆发的小麦秆锈病事件、在1970年爆发的雄性不育杂交玉米小斑病事件，苏联在1972年小麦产量上的巨大损失都让人触目惊心。

另外，随着全球气候发生变化，一些现代作物品种将难以适应新的气候条件，从而出现生长和繁殖问题，导致产量锐减，使更多的人忍饥挨饿。

野生近缘植物是与栽培作物遗传关系相近，能向栽培作物转移基因的野生植物，其在数百万年的进化过程中，积累了各种不同的遗传变异，蕴藏着许多栽培作物所不具备的优良基因，如抗病虫性、抗逆性、优良品质、细胞雄性不育及丰产性等，是较好的育种材料。通过杂交，人们就能把野生近缘种中的优良基因转移到栽培种中，从而提高作物的产量，增强其抗病和抗虫能力，以及承受气候变化的能力，并增加其产量、风味、营养价值等，从而满足人们的需求。如20世纪50年代末，美国的大豆感染了囊孢线虫病，使得美国的大豆产业濒于毁灭，后来育种家从野生大豆种质资源中筛选出了具有抗囊孢线虫病基因的“北京小黑豆”，并育成高产抗病新品种，从而挽救了美国的大豆产业，并使其大豆产量跃居世界第一。

随着分子生物技术的飞速发展，未来人们还能按照人类的需求进行严密设计，通过体外DNA重组技术和DNA转移技术，有目的地改造现有植物种性，使其在短时间内就趋于完善，从而加快现有作物品种改良的速度；甚至可以突破物种的限制及种间杂交的瓶颈，创造具有新性状的植物。美国广播公司2012年第10期的《地球脉动》（*Plant Earth*）节目中提到，美国、德国等已把番茄与马铃薯的体细胞进行融合，培育出了番茄薯这个新物种，它可以

图8-2　可以地上结番茄、地下结马铃薯的番茄薯

图8-3　未来通过体外DNA重组技术和DNA转移技术，或许可以培育出同时具有红、橙、黄、绿、青、蓝、紫七种颜色的美丽花朵

在地上结番茄，地下结马铃薯。照这样发展下去，传说中的“七色花”，也许有一天真的可以出现在我们的生活中。

对于中国这样一个人口众多、人均资源较少的国家来说，发展生物技术产业极为重要。通过生物技术，将野生植物种质资源与作物进行杂交，从而提高现有作物的质量和产量，增强其抗病和抗虫能力，以及承受气候变化的能力，从而更好地满足人们的需求，并促进我国种业生产快速、健康地发展，增强国际竞争力，这将是中国西南野生生物种质资源库之种子库未来的工作重点之一。

（2）新作物筛选

从远古起，人类就开始研究和利用植物，传说神农氏曾为使人类免于疾病和伤痛的折磨而遍尝百草。到目前为止，人类仍只了解和利用了其中一小部分植物。在全球已知的38万—50万种植物中，仅有约3000种植物被人们广泛应用于工业、农业、医药等领域，更耐人寻味的是，103个物种竟提供了全球90%的粮食（淀粉、蛋白质和脂肪）供给，显而易见，人类对植物资源的开发和利用仍具有巨大空间。

随着全球人口的急剧增加，人类需要从自然界获取更多的粮食，而地球的陆地面积不会增大，沙漠又占了地球陆地面积的35%—40%，人类的不合理开发行为导致土地不断退化，加上全球气候变化的影响，未来可能会有更多的人忍饥挨饿。也许我们可以从野生植物种子资源中筛选、挖掘出更多新的粮食作物，满足人类的需求。

能源是国民经济的重要物质基础，是整个世界发展和经济增长的最基本驱动力。化石能源是当今的主要能源，包括煤炭、石油、天然气等，是上古时期遗留下来的动植物遗骸在地层下经过上万年演变形成的，属于不可再生能源。由于人类的过度开采，地球上的化石能源已面临枯竭，据经济学家和科学家估计，其可能在几百年内被人类消耗殆尽，更有专家预测，到21世纪中叶，即2050年左右，石油资源就将枯竭。因此人们开始寻找和研发新的能源，生物能源就是其中的一种。2004年，欧盟国家以低芥酸菜籽油为原料，生产出了约160万吨生物柴油，占欧盟国家同期生物柴油生产总量的80%，有效缓解了当时欧盟国家柴油极度紧缺的局面。20世纪70年代的石油危机使巴西成为世界上发展甘蔗乙醇最早和最成功的国家，2010年其燃料乙醇产量已达310亿升，占世界燃料乙醇总产量的38%。在世界石油、煤炭日益短缺的今天，寻找和开发可再生的清洁能源已成为一种国际大趋势。

此外，在医药方面，植物的种子也发挥着重要作用，在上万种中草药中，直接以植物种子或果实入药的就达125—200种。癌症是目前威胁人类健康的头号杀手。据世界卫生组织统计，随着人们寿命的延长和环境污染等因素的加剧，人类患癌症的概率将会不断增大，预计从2007年至2030年，全球癌症死亡人数将增加

图8-4 能够生产出生物柴油的神奇种子

45.6%，从790万人增至1150万人。而现有抗癌药物种类有限，且很多效果不是特别显著，对癌症的治愈率低。随着科学家对植物及其种子研究的不断深入，有可能从中找到并开发出更多新药，从而有效地缓解癌症带给人类的痛苦，保障人类健康。

通过对中国野生植物种子方舟中保存的种子资源进行全面而深入的筛选和开发，将能从中挖掘出更多新的粮食作物；找到并开发出更多的新药；挖掘出更多新型、优质、环保、可再生的“绿色石油”资源来替代化石能源……从而催生一批国家新兴战略产业，促进社会的可持续发展。

(3) 生态恢复

人口的急剧增长和不合理的资源开发活动，造成了许多生态破坏，现代文明带来的负面影响和不良后果正逐渐凸显出来。兴建公路、铁路、城市等活动使得原本郁郁葱葱的森林被砍伐，大片的土地裸露于阳光下、风雨中，不断荒漠化；产矿之地被挖得千疮百孔……人们的生活环境不断恶化，是时候对其进行治理了。

澳大利亚是一个重要的矿业国，矿业生产每年能给澳大利亚带来巨额的财富。早期的开矿曾给澳大利亚的生态环境造成巨大破坏，后来为了保护澳大利亚的生态环境，澳大利亚政府明令各开矿企业采矿结束后必须对矿区进行生态恢复。经过三十多年的实践，其现已发展出国际上领先的表土还原和种子散播相结合的生态恢复技术，并取得了显著效果。

未来，在学习和借鉴国外先进经验和技术的基础上，利用中国西南野生生物种质资源库之种子库已积累的种子保护学、植物分类学、园艺学知识，以及库内保存的众多种子资源，人们将能更好地改良污染土壤、复垦矿山和净化污水，逐步修复，甚至重建美好家园，使我们的环境重新变得绿意盎然。

图8-5 经过20年的生态恢复，澳大利亚的一处矿场现已绿意盎然

● **土壤种子库** 土壤种子库是指存在于土壤表层凋落物和土壤中全部活性种子的总和。土壤中的有活性的种子是植物群落的一部分，是新植株的来源，它在合适干扰条件下将对退化生态系统的恢复以及植被更新发挥重要作用。如澳大利亚恢复的铝土矿坑红柳桉树森林种群中，77%的植物物种都来自于土壤种子库。

(4) 野外回归

珍稀、濒危植物在野外的数量已很少，也许有一天，它们将会悄无声息地从地球上消失。从中国野生植物种子方舟中拿出一部分种子，并在温室内繁育或借助离体培养技术，人们将能对这些物种进行扩繁，并帮助它们重新回到大自然的怀抱，增加其野外植株个体和居群数，进而增加生态系统的稳定性，增强其服务功能，让我们的子孙后代也能在野外见识其芬芳，而不是只在书本中见到其名字和照片，或在标本馆里见到其标本。

③ 科学管理我国植物资源

21世纪是信息的时代，中国西南野生生物种质资源库之种子库现已收集了我国83261条植物的分布、研究和利用信息，这在未来国际植物信息领域竞争中占据了一定优势。在下一阶段，种子库将进一步加大相关信息的收集力度，并构建我国野生植物的本底数据库，为我国植物分类学、系统学、生物地理学、植物区系学的研究提供有力支持。此外，这些数据还有助于：①监测某一个植物物种，特别是珍稀、濒危种和极小种群植物在野外分布范围的变化；②随着时间变化，对以前评定的珍稀、濒危种的受威胁程度进行重新评估；③比较不同地区物种的丰富度；④对当地的植物名录进行完善和更新；⑤划分保护区边界；⑥在全球气候变化的背景下，预测植物物种的变化趋势；⑦预测有害植物入侵趋势。因此，种子库未来将基于这些数据，构建一个先进而科学的信息分析系统，为政府的相关决策，如城市规划、保护区划定、药草和花卉植物的开发和种植等提供科学依据，从而使我国野生植物种质资源的管理更加合理，并能科学地做出一些前瞻性部署，促进我国植物多样性保护事业健康、持续发展。

④ 促进我国相关学科体系发展

种子多样性的保藏、研究与利用是一个涉及植物学、工程学、管理学、经济学、法学等多学科多领域的系统工程。中国西南野生生物种质资源库之种子库的建设和发展，必将带动我国相关学科体系的进一步发展，并促进不同学科之间的相互渗透与交流，促进交叉学科和新学科增长点的产生。

我国种子形态学的研究起步较晚，约开始于20世纪50年代。过去几十年，由于我国未开展过大规模的野生植物种子采集，因此收集到的野生植物种子种类较少。另外，由于实验条件和设备的限制，因此尽管有一些有关种子的专著出版，但它们描述的种类有限，且存在一些描述不规范的地方。中国植物学巨著《中国植物志》记载了中国3万多种高等植物，但具有种子形态和结构描述的物种仍较少，其中部分植物的种子描述甚至存在着错误。现中国野生植物种子方舟保存了中国近万种野生植物种子资源，并具有国内一流的种子形态学研究设备，这为全面、系统地开展我

图8-6 中国野生植物种子方舟现已取得近千份种子的高清种子形态解剖照片

国种子形态学研究提供了条件。未来种子库将对库存的近万种植物种子形态进行深入研究，以期揭示植物的起源和演化、植物之间的亲缘关系，以及植物与环境之间的关系等科学问题，并进一步促进人们对这些种子资源的了解、开发和利用。

尽管近百年来，人们对植物的研究越来越深入，但对野生植物种子萌发特性的了解却仍然较少，许多野生植物种子的萌发条件甚至至今也无人探讨过。中国西南野生生物种质资源库之种子库已对7300多种野生植物种子开展了大规模萌发实验，哪些物种具有休眠特性，具体是什么类型的休眠，怎样才能有效解除这些休眠，都有详细研究，这为下一步这些资源的开发利用，以及珍稀、濒危物种的野外回归和生态恢复奠定了重要基础。随着研究工作的推进，将有更多物种的萌发信息被种子库的管理员了解和掌握。

未来，随着互联网技术、信息技术、分子技术和生物信息学等学科的发展，中国野生植物种子方舟基因测序进程的推进，种子形态解剖学、种子萌发特性、小苗形态学等研究工作的大规模开展，中国西南野生生物种质资源库之种子库将能为大家打造一本真正的“中国种子植物大百科全书”。届时，人们对种子植物的认识将不限于《中国植物志》上的内容，认识方式和深度都将发生深刻变化，人们对种子植物的认识不仅包括该种植物准确的植株形态、分布地，根、茎、叶、花、果实和种子的细微形态结构描述，基因和蛋白质组成，染色体形态和数目，还包括其生活史（即它是怎样从一粒种子逐渐长大，并开花、结果的）和家族谱系（即哪些植物与其有亲缘关系，关系远近如何）、现有经济和学术价值等。并且，这么多的信息通过网络就可轻易、快速地获得，这将有力地促进人们对我国植物的了解、开发、利用和保护。

⑤ 未来宇宙之旅

“地球环境极度恶化，高温、干旱和疫病席卷全球；各种粮食作物相继灭绝，人类放弃了各种高精尖设备，只能依靠种植玉米过活，虽然人类仍像1000年前一样努力耕种，可饿死的人还是越来越多；到处都是裸露的地表，沙尘暴席卷整个世界……”这是科幻大片《星际穿越》的开场情节。

电影固然是人们幻想出来的，但人类对地球的不合理利用和开发，以及一些社会危机和自然危机是客观存在的：剧增的人口，对资源的过度开采，严重的环境污染，土壤酸化，频发的自然灾害，由水资源、燃油、政治危机引发的大规模核战和不可预测的行星撞击地球，这一切都可能将如今绿意盎然的地球变成如火星一般沉寂的沙漠之星，到时，人类将去往何处呢？随着科技的进步，人类加快了向宇宙探索的步伐，太空移民已不再是遥不可及的事情。但不管是地球、火星，还是外太空其他星球，植物

图8-7 飞向太空的“种子方舟”

都是我们衣食住行的重要来源，离开了植物，生命将无法延续。不过不要紧张，我们还有“种子方舟”，这里有众多的野生植物种子可供选育。随着科学技术的不断进步，也许有一天，我们将带着沉睡在“种子方舟”中的小精灵们开启一段伟大的宇宙之旅，在某个适宜的星球上，它们将重新创造出一片片绿色的森林和草原，在新的星球上谱写新的传奇，而我们人类也将因为它们而拥有更广阔的生存空间，并开启人类文明的新时代。

参考文献

［1］环境保护部国际合作司. 保护人类赖以生存的生命系统:《生物多样性公约》回顾与展望［M］. 北京:科学出版社,2011.

［2］王晓峰. 种子的胚胎萌发［J］.植物生理学通讯,1999,135(2):89-95.

［3］汪晓峰,景新明,郑光华. 含水量对种子贮藏寿命的影响［J］. 植物学报,2001,43(6):551-557.

［4］吴征镒,陈心启. 中国植物志(第1卷)［M］. 北京:科学出版社,2004.

［5］郑殿升,刘旭,黎裕.起源于中国的栽培植物［J］. 植物遗传资源学报,2012,13(1): 1-10.

［6］中国植物保护战略编委会. 中国植物保护战略［M］. 广州:广东科技出版社,2007.

［7］王述民,张宗文. 世界粮食和农业植物遗传资源保护与利用现状［J］.植物遗传资源学报,2011,12(3):325-338.

［8］IPCC. 气候变化2007:综合报告［R］. 政府间气候变化专门委员会第四次评估报告第一、第二和第三工作组报告,2007.

[9] Alan R S, Kathleen M P, Eric S, et al. A Classification for Extant Ferns[J]. Taxon, 2006(55): 705-731.

[10] Anthony R I, Bradley J C. Food-Web Interactions Govern the Resistance of Communities after Non-Random Extinctions[J]. Nature, 2004(429): 174-177.

[11] CBD. Global Strategy for Plant Conservation[R]. Montreal: The Secretariat of the Convention on Biological Diversity, 2002.

[12] CBD. Updated Global Strategy for Plant Conservation 2011-2020[EB/OL]. http:/ / www. cbd. int/ gspc/ strategy. shtml.

[13] Corvalan C, Hales S, McMichael A. Millennium Ecosystem Assessment. Ecosystems and Human Well-Being: Biodiversity Synthesis [M]. Washington D. C.: World Resources Institute, 2005.

[14] Cromarty A, Ellis R H, Roberts E H. The Design of Seed Storage Facilities for Genetic Conservation[M]. Rome: International Plant Genetic Resources Institute, 1982.

[15] Ellis R H. A Low-Moisture-Content Limit to Logarithmic Relation between Seed Moisture Content and Longevity[J]. Ann Bot, 1988(61): 405-408.

[16] Ellis R H, Hong T D, Roberts E H. An Intermediate Category of Seed Sotage Behavior? I. Coffee[J]. Journal of Experimental of Botany, 1990(41): 1167-1174.

[17] FAO. Genebank Standards. Food and Agriculture Organization [R]. Rome: International Plant Genetic Resources Institute, 1994.

[18] FAO. The State of the World's Plant Genetic Resources for Food and Agriculture[R]. 1997.

[19] Hong T D, Ellis R H. A Protocol to Determine Seed Storage Behavior[A]. In: Engles J M(ed). IPGRI Technical Bulletin No.1[C]. Rome: International Plant Genetic Reseum Institute (IP-GRI):1-62.

[20] Kainer K A, Duryea M L, Malavasi M M, et al. Moist Storage of Broil Nut Seeds for Improved Germination and Nursery Management [J]. Forest Ecology and Management, 1999(116): 207-217.

[21] Kartha K K(ed). Cryopreservation of Plant Cells and Organs [M]. Florida: CRC Press, 1983.

[22] Kristina F C, Franklin T B. The Effects of Desiccation on Seeds of Acer Saccharinum and Aesculus Pavia: Recalcitrance in Temperature Tree Seed[J]. Trees, 2001, 15(3): 131-136.

[23] Leishman M R, Westoby M, Jurado E. Correlates of Seed Size Variation—A Comparison Among Five Temperate Floras[J]. Journal Ecol, 1995(83): 517-529.

[24] Li D Z. Floristics and Plant Biogeography in China[J]. Journal of Integrated Plant Biology, 2008(50): 771-777.

[25] Li P H, Sakai A(eds). Plant Hardiness and Freezing Stress: Mechanisms and Crop Implications[M]. New York: Academic Press, 2012.

[26] Mabberley D J. Mabberley's Plant Book: A Portable Dictionary of Plants, Their Classifications, and Uses[M]. Cambridge: Cambridge University Press, 2008.

[27] Moles A T, Ackerly D D, Tweddle J C, et al. Global Patterns in Seed Size[J]. Global Ecl, 2007(16): 109-116.

[28] Prescott-Allen R, Prescott-Allen C. How Many Plants Feed the World?[J] Conservation Biology, 1990(4): 365-374.

[29] Richard Monastersky. Biodiversity: Life—A Status Report [J]. Nature, 2014(516): 158-161.

[30] Roberts E H. Predicting the Storage Life of Seeds[J]. Seed Sci Tech, 1973(1): 499-514.

[31] Song S Q, Berjajk P, Pammenter N, et al. Seed Recalcitrance: A Current Assessment[J]. Acta Botanica Sinica, 1973, 45(6): 638-

643.

[32] Stanley A T. Plant-Animal Mutualism: Coevolution with Dodo Leads to Near Extinction of Plant[J]. Science, 2015(197): 885-886.

[33] Stanwood P C, Bass L N. Ultracold Preservation of Seed Germplasm[J]. Plant Cold Hardiness and Freezing Stress, 1978: 361-371.

[34] Stanwood P C. Cryopreservation of Seed Germplasm for Genetic Conservation[R]. 1985.

[35] Sukhdev P. The Economics of Ecosystems and Biodiversity [R]. An interim Report, European Communities, 2008.

[36] Westoby M, Jurado E, Leishman M. Comparative Evolutionary Ecology of Seed Sizes[J]. Trends Eco1, 1992, 7(11): 368-372.

图书在版编目（CIP）数据

种子方舟 ：中国西南野生生物种质资源库 / 杜燕等主编. -- 2版. -- 杭州 ：浙江教育出版社，2018.5（2019.6重印）
（中国大科学装置出版工程）
ISBN 978-7-5536-7312-7

Ⅰ. ①种… Ⅱ. ①杜… Ⅲ. ①生物资源－种质资源－西南地区 Ⅳ. ①Q-92

中国版本图书馆CIP数据核字(2018)第078713号

策　　划　周　俊　莫晓虹
责任编辑　王凤珠　　　　责任校对　余晓克
美术编辑　曾国兴　　　　责任印务　陈　沁
视频制作　黄孝舸

中国大科学装置出版工程
种子方舟——中国西南野生生物种质资源库
ZHONGGUO DAKEXUE ZHUANGZHI CHUBAN GONGCHENG
ZHONGZI FANGZHOU——ZHONGGUO XINAN YESHENG SHENGWU ZHONGZHI ZIYUANKU

杜　燕　杨湘云　李拓径　李涟漪　主　编

出版发行　浙江教育出版社
　　　　　(杭州市天目山路40号　邮编:310013)
图文制作　杭州兴邦电子印务有限公司
印　　刷　杭州富春印务有限公司
开　　本　710mm×1000mm　1/16
印　　张　11
插　　页　2
字　　数　221 000
版　　次　2018年5月第2版
印　　次　2019年6月第4次印刷
标准书号　ISBN 978-7-5536-7312-7
定　　价　38.00元

网　　址　www.zjeph.com
如发现印、装质量问题，请与承印厂联系。电话：0571-64363059